安防产品
CCC 认证技术精要

CCC 认证手册

吴改云　黄　瑾　韩　峰　李海鹏◎编

科学技术文献出版社
SCIENTIFIC AND TECHNICAL DOCUMENTATION PRESS
·北京·

图书在版编目（CIP）数据

安防产品CCC认证技术精要：CCC认证手册 / 吴改云等编. —北京：科学技术文献出版社，2020.9

ISBN 978-7-5189-7124-4

Ⅰ.①安… Ⅱ.①吴… Ⅲ.①安全设备—产品质量—认证—中国—手册 Ⅳ.① X924.4-62 ② F426-62

中国版本图书馆 CIP 数据核字（2020）第 173814 号

安防产品CCC认证技术精要：CCC认证手册

策划编辑：丁芳宇　责任编辑：李　晴　责任校对：王瑞瑞　责任出版：张志平

出　版　者	科学技术文献出版社
地　　　址	北京市复兴路15号　　邮编　100038
编　务　部	(010) 58882938，58882087（传真）
发　行　部	(010) 58882868，58882870（传真）
邮　购　部	(010) 58882873
官 方 网 址	www.stdp.com.cn
发　行　者	科学技术文献出版社发行　全国各地新华书店经销
印　刷　者	北京虎彩文化传播有限公司
版　　　次	2020 年 9 月第 1 版　2020 年 9 月第 1 次印刷
开　　　本	710×1000　1/16
字　　　数	153千
印　　　张	11.25
书　　　号	ISBN 978-7-5189-7124-4
定　　　价	46.00元

前　言

　　产品认证制度是伴随着商品经济的发展而逐步发展起来的一种现代制度，在国际上得到了广泛采用和认可。实施强制性产品认证是我国保护国家安全、防止欺诈行为、保护人体健康或安全、保护动物生命健康、保护环境而采取的重要措施，是提高产品整体质量、规范行业市场的重要手段，也是促进国际贸易、产品国际互认的重要举措。强制性产品认证制度建立并实施至今，在我国经济建设和社会发展中，对加强市场监管、优化营商环境、推动经济发展发挥了很大的作用。2017 年至今，党中央和国务院一系列关于质量和认证认可政策措施的出台，更是推动了认证认可事业发展进入了新的时代。

　　公安部第三研究所（认证中心）由国家认监委授权，于 2015 年 5 月正式成立，2016 年 4 月成为安全防范强制性产品认证指定机构，目前主要产品认证范围包含安全技术防范（实体防护、防盗报警）、道路交通安全、公共安全视频监控、警用通信、身份识读、安防线缆、安检设备、工业防火墙、智能联网产品等。

　　2021 年，我国强制性产品认证（China Compulsory Certification，CCC）制度建立将迎来 20 周年，我们编撰这本书为 CCC 制度 20 年发展献礼！

　　本书一共分为 4 个章节，分别是产品认证简史概述、安防产品认证的相关基础知识、安防产品 CCC 认证流程及工厂检查的基本要求、防盗报警产品的例行检验和确认检验。全书以安防行业现有 CCC 认证产品目录中的防盗报警产品为主线，论述了产品认证的相关知识，力求理论与实践经验相结合，期冀能为包括工厂检查员、企业 CCC 认证产品管理人员在内的安防行业产品认证从业人员提供专业助力，进而为提高安防产品质量发挥积极作用；也可为有志于或刚刚步入产品认证行业的从业人员提供一定的专业知识和经验分享。

在此感谢在本书编写过程中给予我们大力支持的鲍逸明、陆曙蓉、徐君、宗筠、沈树人、周鑫、张浩、施帅、朱怡婷、黄思婕等领导和同事，以及为本书编审出版和发行做出贡献的各方人士。

由于编者水平有限，书中难免存在疏漏和错误，恳请专家与读者不吝指正。

编者

2020 年 6 月 30 日

目　录

第一章

产品认证简史概述

产品认证制度在国际上得到广泛认可，对涉及安全、健康、环保的产品实施强制性产品认证是各国政府规范市场、促进国际贸易、保护群众切身利益的重要手段，在经济建设和社会发展中起着重要作用。现代认证产生之前，供方（第一方）为了推销其产品，通常采用"产品合格声明"的方式，来获取买方（第二方）对其生产产品质量的信任。随着科学技术的不断发展，产品的性能、结构日益复杂，科学全面的检测显得越来越重要，而供方的测试手段日显不足，供方的"自我声明"已难以判断产品质量是否符合规定的标准或实际使用需要。为此，由公正、客观的第三方来证实产品质量状况的现代质量认证制度随之产生和发展起来。质量认证也称合格认证（Conformity Certification）。本书参考多种文献将认证定义为：由可以充分信任的第三方证实某一产品或服务符合特定标准或其他技术规范的活动。按照认证对象来划分，质量认证通常分为管理体系认证、产品认证和服务认证，本书探讨的是产品认证，其又可以分为强制性产品认证和自愿性产品认证两种。

本书重点讲述产品认证，此处引用国际标准化组织（ISO）对产品认证的定义：是由第三方通过检验评定企业的质量管理体系和样品型式试验来确认企业的产品、过程或服务是否符合特定要求，是否具备持续稳定地生产符合标准要求产品的能力，并给予书面证明的程序。

世界大多数国家和地区设立了自己的产品认证机构，使用不同的认证标志，来标明认证产品对相关标准的符合程度。

本书以安防行业现有 CCC 目录范围内的防盗报警产品为例，论述产品认证的相关知识，期冀能为安防行业产品认证从业人员，包括工厂检查员、企

业认证产品管理人员提供专业助力，也可为刚刚步入产品认证的从业人员提供一定的专业知识和经验分享，进而为安防产品质量的提升发挥作用。

第一节　产品认证的起源及我国产品认证制度的发展

一、产品认证的起源和发展

产品认证活动发源于商品经济初期。例如，当一个工匠谋求订户确认他的产品符合某种或几种规格时就出现了原始的认证活动。但这些活动相互之间没有联系，在产品规格的型式和确认方面也不规范。

到 19 世纪中叶，一些工业化国家为保护人身安全，开始制定法律或技术法规，规定电器、锅炉等工业品必须符合行业或政府规定的要求，并按批准程序确认，才能为市场接受，从而出现了产品认证的雏形。

20 世纪初，在工业化国家率先出现一种不受产销双方经济利益所支配的第三方产品符合性评估模式，该模式通过科学、公正的方法对上市商品进行评价、监督，以正确指导产品生产和公众购买，保证消费者基本利益，后逐渐演化形成了认证制度。

1903 年，英国开始依据英国工程标准协会（BSI）制定的标准，对经检验合格的铁轨产品实施认证并加注"风筝"标识，成为世界上最早的产品认证制度。到 20 世纪 30 年代，欧美日等工业化国家都相继建立了本国的认证认可制度，特别是针对质量安全风险较高的特定产品，纷纷推行强制性认证制度。例如，现在仍被市场广泛认可的德国 VDE 认证、英国 BSI 认证、美国 UL 认证，就形成于 20 世纪 30—50 年代。到 20 世纪 70 年代，欧美各国除了在本国范围内推行认证制度，开始进行国与国之间认证制度的互认，进而发展到以区域标准和法规为依据的区域认证制度。最典型的区域认证制度是欧盟的 CENELEC（欧洲电工标准化委员会）电工产品认证，即随后发展的欧盟 CE 指令。

随着国际贸易日益全球化，建立世界范围内普遍通行的认证制度成为大势所趋。到 20 世纪 80 年代，世界各国开始在多种产品上实施以国际标准和规则为依据的国际认证制度，如国际电工委员会（IEC）建立的电工产品安全认证制度（IECEE）。此后逐渐由产品认证领域扩展到管理体系、人员认证等认证领域，如国际标准化组织（ISO）推动建立的 ISO9001 国际质量管理体系，以及依此标准开展的认证活动。

早在 20 世纪 40 年代，西欧国家感到，要想在美苏两大国之间保证自己的安全、提高国际地位、加快经济发展，就必须联合起来。因此，力推欧洲一体化进程。欧共体 1985 年 5 月 7 日发布的 85/C136/01 号指令《关于技术协调与标准的新方法的决议》表明产品符合相关指令的有关主要要求，就能加附 CE 标志。这个机制建立在欧盟各国之间避免产生新的贸易壁垒、相互认可和技术标准协调之上，是认证制度发展中的典范。

通过各国和各地区在认证制度上的努力，世贸组织在《技术性贸易壁垒协议》中规定了各协议签约国必须建立符合国际认证制度的认证制度，各区域组织所建立的认证制度也不能与国际认证制度相对立，各国涉及认证的标准、技术法规的要求，以及按技术法规、标准评定的程序都不能给国际贸易制造不必要的障碍。这就意味着产品认证发展已为全世界所接受。

二、我国产品认证制度的建立和发展

由于各方面的原因，我国的质量认证工作起步较晚。1978 年 9 月，我国以中国标准化协会名义加入 ISO 成为正式成员后，才引入质量认证的概念。国家有关部门多次组织人员到国外认证工作起步较早的国家和 ISO/IEC 等国际组织考察，翻译出版了一批资料，开展了宣传工作，逐步提高了国内有关部门和人员的认识，基本上统一了在我国开展质量认证工作的看法。1981 年 4 月，经国务院标准化行政主管部门批准，成立了我国第一个产品质量认证机构——中国电子元器件质量认证委员会（QCCECC），按照国际电子委员会电子元器件质量评定体系（ECCI）的章程和程序规则，组建了机构，制定了有关文件，开展了产品认证工作。1984 年 10 月，成立了中国电子产品认证委员会（CCEE）。

1988 年 12 月《中华人民共和国标准化法》公布，该法第 15 条规定，企业对有国家标准或者行业标准的产品，可以向国务院标准化行政主管部门或者国务院标准化行政主管部门授权的部门申请产品质量认证，经认证合格的，由认证部门授予认证证书，准予在产品或者其包装上使用规定的认证标志；已经取得认证证书的产品不符合国家标准或者行业标准的，以及产品未经认证或者认证不合格的，不得使用认证标志出厂销售。

《中华人民共和国标准化法》颁布以后，我国质量认证工作开始纳入法制轨道。1991 年 5 月《中华人民共和国产品质量认证管理条例》发布，1992 年 1 月国家技术监督局又颁发了《中华人民共和国产品质量认证管理条例实施办法》，这就使我国质量认证工作进入了"有法可依、有章可循"的新阶段。这个阶段认证机构发展到了 8 个，除了前面提到的 QCCECC、CCEE 外，又相继成立了卫星电视地面接收站质量保证能力认证委员会、水泥认证委员会、中国汽车用安全玻璃认证委员会、中国橡胶避孕套质量认证委员会、中国方圆标志认证委员会、中国消防产品质量认证委员会等产品质量认证机构。在这个阶段，先后对 107 种国内产品实施了产品安全认证，对 104 种进口商品实施了进口商品安全质量许可证制度，这项制度涉及 60 多个国家和地区，到 1994 年获准产品质量认证的企业达 1992 家。这些产品认证制度的实施，对提高我国产品质量水平和在国际市场上的竞争力，维护国家经济利益、经济安全，保护环境等方面起到了积极作用。

2001 年 12 月 3 日，我国政府为了兑现入世承诺，对外发布强制性产品认证制度，宣布从 2002 年 5 月 1 日起国家认监委开始受理第一批列入强制性产品目录的 19 类 132 种产品认证申请。自 2003 年 5 月 1 日起强制执行，进口商品安全质量许可证书、CCIB 标志或安全认证合格证书、长城标志认证等全部与 CCC 认证并轨。自此，我国产品认证制度在国民经济生活中开始发挥其必要作用。

强制性产品认证制度，是各国政府为保护广大消费者人身和动植物生命安全，保护环境、保护国家安全，依照法律法规实施的一种产品合格评定制度，它要求产品必须符合国家标准和技术法规。强制性产品认证，是通过制定强制性产品认证目录和实施强制性产品认证程序，对列入《强制性产品认证目录描述与界定表》（简称《目录》）中的产品实施强制性的检测和认证。强制性产品认证制度在推动国家各种技术法规和标准的贯彻、规范市场经济秩序、打击假冒伪劣行为、促进产品的质量管理水平和保护消费者权益等方面，具有其他工作不可替代的作用和优势。认证制度由于其科学性和公正性，已被世界大多数国家广泛采用。实行市场经济制度的国家，政府利用强制性产品认证制度作为产品市场准入的手段，也是国际通行的做法。

我国强制性产品认证（CCC）制度是建立在《中华人民共和国产品质量法》《中华人民共和国进出口商品检验法》《中华人民共和国标准化法》《中华人民共和国进出口商品检验法实施条例》《中华人民共和国产品质量认证管理条例》等法律法规基础上的，并在《中华人民共和国认证认可条例》中系统地给予法制化。其基本框架分为3个部分：一是认证制度的建立；二是认证的实施；三是认证实施有效性的行政执法监督。强制性产品认证制度的建立由中央政府负责，国家认监委负责按照法律法规和国务院的授权，协调有关部门按照"四个统一"（即统一产品目录，统一技术规范的强制性要求、标准和合格评定程序，统一标志，统一收费标准）的原则建立国家强制性产品认证制度；指定认证机构在授权范围内承担具体产品的认证任务；向获证产品颁发 CCC 认证证书；地方质量技术监督局和各地出入境检验检疫局负责对列入《目录》内的产品开展行政执法监督工作，以确保列入《目录》内的产品未获得认证不得进入本行政区域内。对于特殊产品（如消防产品），国务院有关行政主管部门按照授权职能承担相应的监管职能。

我国《目录》的制定，尤其是《第一批实施强制性产品认证的产品目录》中的 19 类 132 种产品，涉及安全、电磁兼容（EMC）、环保的要求，是将原

来的"长城标志"认证产品和进口安全质量许可的产品合并，去掉一些不再适宜强制性管理的产品。在实践上，将原来的"长城标志"认证和进口安全质量许可统一为强制性产品认证制度，在当时实现了进口产品只需"一次申请、一次检查、一个标志和一次收费"的目的。

我国强制性产品认证制度已走过 10 多年的历程，期间经历了获证企业不诚信、认证过程不规范、强制性产品认证制度缺乏公信力等种种问题，但最终强制性产品认证制度得以有效实施，并对促进我国整体产品质量水平的提高、保护人身健康安全等方面发挥了巨大作用，与计量、标准共同成为夯实质量基础的重要支柱。

2018 年年初，在我国强制性认证制度走过 15 年历程之际，国家"放管服"政策在产品认证领域的制度效应开始不断显现，监管机构全面改革，认证《目录》持续调整，许可证制度逐步退出历史舞台，新的产品认证制度亟待出台，笔者相信在今后几年，我国的认证制度必将更加完善，在市场监管、质量保证方面必将发挥更大的作用。

第二节　产品认证的作用和意义

产品认证制度既符合买方利益，又符合卖方利益，还可以大大节省检验资源，简化评价手续，因而受到社会各方的欢迎。由于需要和使用这些质量信息的对象不同，产品认证有多种不同的作用。

一、指导消费者选购满意的商品

当今的消费者在购买令人放心的商品时。除了考虑一定的性价比，他们的消费期望越来越与产品的安全、质量及环境等方面的要求联系在一起。因此，我们说企业获得认证标志是通向市场的钥匙。

消费者往往凭经验和有限的知识挑选商品。如果购买的是杯子、毛巾等简单商品，消费者完全有能力挑选自己满意的商品，即使挑选不当，也不会造成很大的损失。但是，如果购买的是结构比较复杂且价格昂贵的商品，如家用电器、汽车等，只凭个人经验、外观检查、手感等主观性手段则无法判断其内在质量。

实行产品认证后，凡是经过认证的商品都带有特定的认证标志，这就向消费者提供了一种质量信息：该商品经过公正的第三方——认证机构对其进行的鉴定和评价，其质量符合国家规定的标准；同时，生产企业还要接受认证机构的日常监督，保证其产品的质量能够持续稳定地符合规定的标准要求。如果消费者想进一步了解认证产品的质量情况，只需根据认证标志附注的标准编号，就可以查到该产品所依据的标准，并对其进行全面了解。

二、为生产者产品质量管理、市场营销提供助力

（1）产品认证实际上是一种依据标准实施生产过程控制的质量保证模式，对生产者的产品生产和质量控制能力会产生促进作用，从而有效提高制造商的产品合格率。

（2）认证制度建立了采购商和生产者之间的信任平台，可以提高生产者产品的市场占有率。

（3）产品认证是国际通行的，因此，有利于生产者产品进入国际市场，从而提高产品在国际市场上的竞争能力。

（4）生产者获得产品认证证书，提高了质量信誉度，可减少采购商的第二方现场审核，省去了许多被审核的费用。因而给销售者带来了信誉和更多的利润。

三、产品认证给政府、企业和顾客带来了许多明示的和潜在的利益

（1）政府可将作为贯彻标准和有关安全法规的有效措施对商品质量进行有效的管理。企业通过产品认证，从获证前自发执行标准，转变为获证后自觉地接受认证标准，并承担自己的质量责任，同时也使顾客受益。

（2）通过产品认证规范了企业的生产活动，提高了制造水平，从而大大减少了产品造成的人身伤害和财产损失，从源头上保证了顾客和社会的利益。

（3）由于认证的产品都加贴了认证标志，明示了顾客的产品已由第三方的认证机构按特定的程序进行了科学评价，可以放心购买。即使产品出现问题，认证机构也会依据国家法规和本身职责受理消费者申诉，负责解决产品质量争议保护消费者的利益。

（4）作为国际贸易中普遍被接受和使用的证明手段，有利于产品在顾客心中建立信誉。通过认证的企业可得到包括国际市场在内的市场认可。

第三节　安全防范产品和安防产品认证的发展

一、安全防范的定义和范畴

安全防范的概念根据《现代汉语词典》的解释，所谓安全，就是没有危险、不受侵害、不出事故；所谓防范，就是防备、戒备，而防备是指做好准备以应付攻击或避免受害，戒备是指防备和保护。综合上述解释，本书引用安全防范定义如下：做好准备和保护，以应付攻击或者避免受害，从而使被保护对象处于没有危险、不受侵害、不出现事故的安全状态。显而易见，安全是目的，防范是手段，通过防范的手段达到或实现安全的目的，就是安全防范的基本内涵。

安全技术防范产品是指用于防止公私财产和人身安全受到侵害的一类专

用设备、软件，它以维护社会公共安全、保护公民人身安全和国家、集体、个人财产安全为目的，是加强社会治安综合防控、维护社会稳定的重要物质基础和技术保障。狭义地讲，安全防范产品包括以防盗、防劫、防入侵、防破坏为主要内容的产品范畴，而广义考虑亦可将其推至包含防火安全、交通安全、通信安全、信息安全，以及人体防护、医疗救助、防煤气泄漏等诸多产品范畴。根据使用场所和要求不同，安全技术防范系统可分为以下几种。

（1）视频监控产品，包含公共安全视频监控系统中实现视频采集、传输、控制、存储及应用功能的各类设备和 / 或系统，如摄像机、硬盘录像机、网络视频服务器、编解码器、监视器等。

（2）防盗报警产品，如入侵探测器、防盗报警控制器、汽车防盗报警系统告警装置等。

（3）交通安全产品，如车身反光标识、信号灯、防撞防护栏、道路交通安全违法行为图像取证系统等。

（4）安全检查产品，如各类安检仪、金属探测门等。

（5）防伪技术产品，如验钞机、数码防伪标签、电子身份标识产品等。

（6）出入口控制产品，如防盗安全门、楼寓对讲系统、防盗保险柜 / 箱、防盗锁、报警系统出入口控制设备等。

（7）消防安全防护产品，如消防器材产品、防煤气中毒产品等。

（8）防爆产品，如防爆罐、排爆服、便携式爆炸物水切割销毁系统等。

（9）其他安防产品，如防静电产品、救生器材、运动护具产品等。

二、安防产品认证发展简史

随着我国市场经济的发展，社会各界对安防产品的需求不断增加。公安机关作为安防行业的主管部门，一直在不断进行探索，试图建立一套科学规范的安防产品合格评价体系。

早在 1999 年，公安部科技局就组织专家着手研究在安防产品质量监督管理中采用产品认证制度的问题。2000 年，国家质量技术监督局、公安部联合颁布了《安全技术防范产品管理办法》，其中规定将安全认证制度作为对安防产品管理的重要制度之一。2001 年行业主管部门适时调整了安防产品的监督管理模式，会同国家认监委将原来由公安机关实行生产登记制度的 4 种入侵探测器产品及时转入国家强制性认证产品目录，在安防产品管理中首次引入了产品认证制度。

国家质检总局、认监委于 2001 年 12 月 3 日正式对外发布的《第一批实施强制性产品认证的产品目录》中规定了对 19 类 132 种产品实行强制性认证管理，其中一个类别即入侵探测器产品（CNCA-10C-047）。入侵探测器产品作为国家第一批实施强制性产品认证的十九大类产品之一（包括主动红外入侵探测器、室内用被动红外探测器、室内用微波多普勒探测器、微波和被动红外复合入侵探测器）于 2002 年 5 月 1 日起受理认证。

在开展强制性产品认证过程中，为了保证新的强制性产品认证制度的顺利实施，国家认监委先后指定 9 家认证机构和 69 家检测机构承担第一批强制性产品认证的认证和检测工作，9 家认证机构包括中国质量认证中心、中国电磁兼容认证中心、中国安全技术防范认证中心、中国农机产品质量认证中心、中国安全玻璃认证中心、中国轮胎产品认证委员会认证中心、中国乳胶制品质量认证委员会、公安部消防产品合格评定中心、汽车产品认证中心。中国安全技术防范认证中心成为第一家也是当时唯一一家授权开展安防产品的认证机构，该机构由中国国家认证认可监督管理委员会和中华人民共和国公安部于 2001 年 7 月批准成立，主要承担着安全技术防范、道路交通安全、刑事技术、警用通信、身份识读、安防线缆、公共安全视频监控等专业领域设备和产品的强制性认证和自愿性认证工作。

为适应安防行业行政审批制度改革的需要，建立既适合我国国情又与国际接轨的产品质量监管模式，公安部继续进一步推行产品认证工作的改革，经过调查研究和论证，公安部科技局向国家认监委认证监管部建议增加安防产品的强制性认证。国家质检总局、国家认监委于 2004 年发布了第 62 号公告，决定对入侵探测器（磁开关入侵探测器、振动入侵探测器、室内用被动式玻璃破碎探测器）、防盗报警控制器、汽车防盗报警系统、防盗保险柜（箱）4类7种产品列入强制性产品认证目录，实施强制性产品认证，从2004年8月1日起开始受理认证。

2016年4月27日，在《国家认监委关于发布强制性产品认证机构补充指定决定的公告》（国家认监委第2016年第12号公告）中，公安部第三研究所成为第二家安防产品强制性认证机构。目前其主要认证范围包含安全技术防范、道路交通安全、公共安全视频监控、警用通信、身份识读、安防线缆、智能联网产品等。设在公安部第一、第三研究所的国家安全防范报警系统产品质量监督检验中心（北京）、国家安全防范报警系统产品质量监督检验中心（上海）是国家级从事安防产品检测的两个检测机构。

自2002年对安防产品实施强制性认证以来，我国安防市场发展很快，新技术、新器件、新材料、新工艺在安防产品中广泛应用，安防产品的功能和性能不断增强。安防产品的认证工作从无到有，从小到大，持续深入，吸引了越来越多的企业加入产品认证的行列中，使得相关产品的质量得到了更好的保障，也规范了行业秩序，对提高我国安防产品质量的总体水平和国际市场的竞争力，维护国家经济利益、经济安全，保护人民生命安全，起到了积极作用。

第二章

安防产品认证的相关基础知识

第一节　产品认证的基础术语及解析

一、与获证组织有关的术语

（一）认证委托人

定义：有责任向认证机构确保满足认证要求包括产品要求的组织或个人。

释义：该组织指依法在政府部门登记并领取营业执照的各类组织。包括具有法人资格的各类组织，以及合法成立、有一定的组织机构和财产，但又不具备法人资格的其他组织，如个人独资企业、合伙企业、合伙型联营企业、不具备法人资格的中外合作经营企业、外资企业、法人依法设立并领取营业执照的分支机构，以及个体工商户；上述组织应在工商核准登记的范围内从事《目录》内产品的生产经营。

解析：

（1）该定义引自《合格评定产品、过程和服务认证机构要求》（GB/T 27065—2015）第3.1条——客户。

（2）《目录》指《实施强制性产品认证目录描述与界定表》。

（3）境外认证委托人应在当地政府部门登记，领取商业注册证明（Registration License）。

（4）认证委托人是产品认证结果的法律意义持有人，产品认证结果如CCC证书、型式试验报告、经认证机构确认的产品描述、工厂检查报告、监督抽样检测报告、认证机构对认证变更的批准结果、证书暂停/恢复/撤销/注销通知书等。

（5）当认证委托人、生产者、生产企业不同时，认证委托人应与生产者、生产企业协商并以合同或协议的方式明确各方在 CCC 认证中的责任、权利和义务；在委托认证时，认证委托人应向认证机构提供相关合同或协议的副本。

（6）2014 年之前，该术语名称为申请人（申请产品认证的组织）、持证人（持有产品认证证书的组织），持证人在申请认证的阶段是申请人，通常申请人在获得认证证书后就成为持证人。

（二）生产者（制造商）

定义：设计、生产产品或委托他人设计、生产产品并以其名义/商标进行销售，应对产品质量负主体责任并具有独立法人资格的组织。

解析：

（1）该定义引自《强制性产品认证实施规则　自我声明》（CNCA-00C-008：2019）。

（2）一个制造商可以有多个工厂。制造商可以申请产品认证，也可以接受其他申请人的委托为其设计、生产、检验认证产品，还可以委托其他组织为其设计、生产、检验认证产品。

（3）生产者对认证产品的质量负责。

（4）生产者应在政府部门核准登记的范围内从事认证产品的生产经营。

（5）2014 年之前，该术语名称为制造商。

（三）生产企业

定义：受生产者（制造商）委托完成产品生产、装配的企业。

释义：通常，认证范畴中生产企业术语指进行最终装配、实施例行检验、确认检验（如有）、包装、加贴产品铭牌和认证标识的场所。当产品的上述工序不能在一个场所完成时，应选择一个至少包括例行、确认检验（如有）、加贴产品铭牌和认证标识环节在内的比较完整的场所进行检查，并保留到其余场所进一步检查的权利。

解析：

（1）该定义引自《强制性产品认证实施细则　自我声明》（CNCA-00C-008：2019）。

（2）生产企业应在政府部门核准登记的范围内从事认证产品的生产经营。

（四）OEM 生产企业

定义：按委托人提供的产品设计、生产过程控制及检验等要求，生产认证产品的生产企业。委托人可以是认证委托人、生产者。

解析：

（1）本定义源自国家认监委认证监管部 2002 年 10 月 11 日发布的《强制性产品认证技术协调会会议纪要》（宽沟会议纪要）中对 OEM 厂情况的描述。

（2）OEM 是 Original Equipment Manufacturer 的缩写，中文翻译为原始设备制造商。

（3）在 CCC 认证中，OEM 是认证委托人 / 生产者、生产企业间生产合作方式中的一种。

（4）在 CCC 认证中判定生产合作方式是否为 OEM 的关键在于谁对产品实现的关键技术（如设计、采购、生产、检验、质控等要求）负责。

（5）对于认证委托人 / 生产者仅对部分关键技术负责或提出要求的，如仅负责产品设计，仅对部分设计指标及某些关键件生产者名录提出要求的，可参考 OEM 方式实施认证。

（五）ODM 生产企业

定义：利用同一质量保证能力要求、产品设计、生产过程控制及检验等要求，为一个或多个认证委托人、生产者，设计、加工、生产相同产品的工厂。

解析：

（1）本定义源自国家认监委认证监管部 2002 年 10 月 11 日发布的《强制性产品认证技术协调会会议纪要》（宽沟会议纪要）中对 ODM 厂情况的描述，以及《强制性产品认证实施规则中涉及 ODM 模式的补充规定》（国家认监委 2009 年 30 号公告）中 ODM 生产厂的定义。

（2）ODM 是 Original Design Manufacturer 的缩写，中文翻译为原始设计制造商。

（3）在 CCC 认证中，ODM 是认证委托人 / 生产者、生产企业间生产合作方式中的一种。

（4）在 CCC 认证中，判定是否为 ODM 模式认证的关键因素有：

①产品相同："相同产品" 允许存在不影响产品认证特性的差异，该差异或一致的程度由认证实施规则 / 细则规定。

②产品实现过程及控制要求一致：在安全、电磁兼容、环境保护等 CCC 认证特性方面，产品的设计、生产条件、制造、检验等实现过程及控制要求一致。

③ODM 协议 ODM 相关方（初始认证证书持证人、生产者 / 认证委托人、生产企业）需签署协议。协议中需对 ODM 产品的一致性做出承诺和职责安排。

④ODM 模式指同一生产企业中，不同证书之间的关系。当生产企业只有一张证书（初始认证证书）时，不存在 ODM 模式。

（六）分包方

定义：在认证产品最终装配和 / 或检验前，根据生产者的特定要求，承担任何部件、组件、分总成、总成、半成品、过程等生产、制造活动的外部组织。

解析：

（1）本定义源自 CIG 021 中的 "Subcontractor"，原文是：Any manufacturing organization undertaking the production of any sub-assembly in accordance with the specific requirements of the manufacturer of a certified product.

（2）所分包的产品、过程、活动指影响产品认证特性的产品、过程、活动。

（3）对于所分包的产品、过程、活动，由认证产品的生产者承担其质量责任，分包方仅承担与特定技术要求有关的责任。

（七）供应商

定义：为工厂认证产品提供元器件 / 零部件 / 材料的组织。

解析：

（1）本定义在《质量管理体系　基础和术语》（GB/T 19000—2008）第 3.3.6 条表述为供方（Supplier），提供产品的组织或个人；示例引用了制造商、批发商、产品的零售商或商贩、服务或信息的提供方等术语；在《质量管理体系　基础和术语》（GB/T 19000—2016）第 3.2.5 条中将供方的概念引申为（Provider，Supplier）提供产品或服务的组织，删除了个人，引入了服务。

（2）在认证企业的供应链中，供应商为工厂提供产品，工厂为顾客提供产品。

（3）在 CCC 认证中，供应商的概念涉及 3 个概念：经销商、贸易商、关键件生产者 / 生产企业。从产品质量控制角度而言，在认证中应该更加关注关键件生产者 / 生产企业，它和关键件一致性、产品差异检测等重要认证特性息息相关。从经销商、贸易商的信息应能追溯到关键件生产者 / 生产企业的信息。

二、与认证特性有关的术语

（一）工厂质量保证能力

定义：工厂保证批量生产的认证产品符合认证要求并与型式试验合格样品保持一致的能力。

解析：

（1）工厂是产品质量的责任主体，其质量保证能力应持续符合认证要求，生产的产品应符合标准要求，并保证认证产品与型式试验样品一致。

（2）本定义中"质量保证"含义源自《质量管理体系　基础和术语》（GB/T 19000—2016）中第3.3.6条，是工厂质量管理的一部分，致力于提供认证要求会得到满足的信任。

（3）为确保认证产品的质量持续稳定地符合认证要求，需要有满足要求的质量保证能力做支撑。

（4）产品认证实施规则通常都包括"工厂质量保证能力要求"。它既是认证机构检查工厂质量保证能力的主要依据，也是工厂建立质量体系的主要依据。

（二）认证产品一致性（产品一致性）

定义：生产的认证产品与型式试验样品保持一致。

解析：

（1）本定义引自《强制性产品认证实施规则　工厂质量保证能力要求》（CNCA-00C-005）。

（2）认证产品一致性是对批量生产的认证产品特性与型式试验合格样品特性符合程度的一种考量。

（3）"型式试验样品"是产品一致性的基准，其体现形式通常为产品描述和/或型式试验报告。

（4）"保持一致"是指在规定程度范围内的一致，当认证依据标准、产品认证实施规则/细则对一致的程度有要求时，产品一致性应满足规定要求。

（5）产品一致性的具体要求由产品认证实施规则/细则规定，安防产品的一致性至少包含产品铭牌标识、技术参数、结构、关键件方面的一致性要求。

（6）工厂应从产品设计（设计变更）、工艺和资源、采购、生产制造、检验、产品防护与交付等适用的质量环节，对产品一致性进行控制，以确保产品持续符合认证依据标准要求。

（7）产品一致性还可引申为试验结果一致，即标准符合性，体现在型式试验限值、监督检验限值、制造允差/企业标准等方面。

（三）关键件

定义：对产品满足认证依据标准要求起关键作用的元器件、零部件、原材料等的统称。

解析：

（1）本定义引自《强制性产品认证实施规则　工厂质量保证能力要求》（CNCA-00C-005）。

（2）产品认证中关键件的一致性控制是产品一致性控制的重要组成部分，控制关键点一般不少于：关键件名称、型号、生产者/生产企业等，建议生产者/生产企业的控制精确到产地。

（3）在认证实践中，认证机构和认证委托人在具体产品的关键件识别中应达成一致性，并以合理的方式予以控制，由关键件变更引起的产品性能改变，认证机构应通过差异检测的方式精准掌握。

（四）产品描述

定义：型式试验样品、认证产品文件化的结果。

解析：

（1）产品描述的内容通常包括产品铭牌、标识、技术参数、形貌、产品结构、产品所用关键件、其他（如工作原理、工艺、功能用途说明、单内不同型号产品的差异等）。

（2）产品描述可以体现在型式试验报告中，可以是经认证机构确认的文件，也可以是封存于工厂的型式试验合格样品；具体描述产品的方式有：文字、图纸（如总装图、装配图、系统图、线路图、接线图、安装图、电气原理图、工作原理图、工艺流程图）、表格、照片、安装使用说明书等。

（3）认证机构对产品描述的完整性、正确性负总责。在认证批准后，认证机构应确保产品描述被有效传递至工厂；工厂应保存产品描述，并作为生产认证产品的一致性基准之一。

三、与检测特性有关的术语

（一）检验

定义：通过观察和判断，适当时结合测量、试验所进行的符合性评价。

解析：

（1）英语表达：Inspection。

（2）对申请产品认证的工厂而言，检验的对象包括采购产品、过程产品和产成品。

（3）在产品认证领域，有型式试验、监督抽样检验等性质的检验。

（4）按检验对象的数量，检验可分为抽样检验和全数检验（即工厂质量保证能力要求中的例行检验）。

（二）试验

定义：按照程序确定一个或多个特性。

解析：

（1）英语表达：Test。

（2）程序：为进行某项活动或过程所规定的途径。

（3）词条本义：为了解某物的性能或某事的结果而进行的尝试性活动，如耐压试验。

（4）实验：为了检验某种科学理论或假设而进行某种操作或从事某种活动。实验是对抽象的知识理论所做的现实操作，用来证明它正确或者推导出新的结论。试验是对事物或社会对象的一种检测性的操作，它是就事论事的。试验都是实验。实验比试验的范围宽广。

（三）检测

定义：用指定的方法检验测试某种物体指定的技术性能指标。

解析：

（1）英语表达：Detection。

（2）检测是一个合成词汇，检查并进行测试。

（3）适合于各种行业范畴的质量评定。

（4）检验强调"符合性"，不仅提供结果，还要与规定要求进行比较，做出合格与否的判定。例如，产品装箱后，按规定进行抽样检查，检验合格后发放合格证才能出厂。检测是对给定对象按照规定程序进行的活动，仅是一项技术活动，在没有明确要求时，仅需提供结果，不需要判定合格与否。

（四）验证

定义：通过提供客观证据对规定要求已得到满足的认定。

解析：

（1）英语表达：Verification。

（2）对产品而言，"客观证据"可以是检验报告、检测数据、质保书等，验证就是对这些证据进行检查，并对照"规定要求"进行评价，确定是否符合规定要求。"规定要求"可以是产品标准、采购文件等。

（五）型式试验

定义：为验证产品与认证依据标准的符合性，依据产品认证实施规则／细则的规定要求，在认证批准前对具有代表性的样品，按照标准的全部适用要求所进行的试验。

解析：

（1）型式试验的要求由产品认证实施规则／细则规定。

（2）型式试验的目的是验证产品与认证依据标准的符合性，同时也是获取、验证产品描述的主要途径。

（3）型式试验样品的获取有工厂送样、认证机构抽样两种方式；其取样宜符合《合格评定第三方产品认证制度应用指南》（GB/T 27028—2008）第

5.3.1 条要求，即"样品应当是整个生产线或被认证的产品组中具有代表性的，所使用的元件和组件应当与生产中使用的元件和组件相同，样品应当用生产设备进行制造，并用生产流程确定的方法进行装配"。

（4）通常，由指定实验室进行型式试验；特殊情况下，可按《强制性产品认证实施规则　生产企业检测资源及其他认证结果的利用》（CNCA-00C-004）要求，利用工厂检测资源进行型式试验。

（5）为避免重复检测，认证机构可按《强制性产品认证实施规则　生产企业检测资源及其他认证结果的利用》（CNCA-00C-004）要求，采信相关认证、检测结果，减免部分或全部型式试验项目。

（6）对于型式试验的不合格，宜允许工厂整改，但应在其后的认证活动中（如工厂检查、认证决定等）关注工厂对不合格整改的有效性。

（六）例行检验

定义：为剔除生产过程中偶然性因素造成的不合格品，通常在生产的最终阶段，对认证产品进行的 100% 检验。

解析：

（1）目的：为剔除生产过程中偶然性因素造成的不合格品。

（2）检验点：通常在生产的最终阶段。一般例行检验后，除进行产品包装和加贴标签外，不再进一步加工。假如，例行检验在生产过程中完成，工厂需保证后续生产工序不会对之前的检验造成影响。

（3）频次：100%；项目：不少于实施规则/细则的要求。

（4）方法：不要求一定采用认证标准规定的试验条件和方法，允许采用经验证后确定的等效、快速的方法。

（5）实施：由工厂策划并实施。安防产品一般不能委托外部实验室实施。

（七）确认检验

定义：为验证认证产品是否持续符合认证依据标准所进行的抽样检验。

解析：

（1）目的：验证认证产品是否持续符合认证标准要求。

（2）检验场所：工厂或具备能力的外部实验室。外部实验室可以是企业实验室或第三方实验室。由外部实验室实施检验的，工厂应保存其具备相应检验能力的证据。

（3）频次/项目：不低于实施规则/细则的规定。

（4）方法：通常按标准规定的试验条件和方法实施。如实施规则/细则有规定的，应按规定执行。

（5）实施：由工厂策划并组织实施。按照探测器、控制器分别选择一个产品进行确认检验。各级政府组织的产品抽查，认证机构实施的监督抽样检测，如检验项目与要求不低于实施规则/细则中确认检验要求的，可替代同类产品的年度确认检验。

（八）监督抽样检测

定义：为评价认证产品的一致性、产品与标准的持续符合性，依据产品认证实施规则/细则的规定要求，由认证机构组织实施的对获证产品的抽样检验。

解析：

（1）监督抽样检测是"工厂抽样检测"和"市场抽样检测"的统称，检验的要求一般由产品认证实施规则/细则规定。

（2）获取监督抽样检测样品的方式为随机抽样。

（3）通常，由指定实验室进行监督抽样检测；特殊情况下，可按《强制性产品认证实施规则　生产企业检测资源及其他认证结果的利用》（CNCA-00C-004）要求，利用工厂检测资源进行监督抽样检测。

（4）为避免重复检测，认证机构可按《强制性产品认证实施规则　生产企业检测资源及其他认证结果的利用》（CNCA-00C-004）要求，采信相关认证、检测结果，减免部分或全部监督抽样检测项目。

（5）对于监督抽样检测不合格的，按《强制性产品认证证书注销、暂停、撤销实施规则》要求处置；特殊情况下，基于认证风险可控的前提，认证机构可按《产品、过程和服务认证机构要求》（CNAS-CC02：2013）中要求，采取适宜的处置措施，如在认证机构规定的条件下保持认证，或缩小认证范围以剔除不符合的产品类别。

四、有关工厂检查的术语

（一）工厂检查

定义：对工厂质量保证能力、产品一致性和产品与标准的符合性所进行的评价活动。

解析：

（1）引用《强制性产品认证实施规则　工厂检查通用要求》（CNCA-00C-006）中定义，这里的 "工厂" 涉及认证委托人、生产者、生产企业，并非只是生产企业。

（2）工厂检查是一项符合性评价活动。

（3）工厂检查的目的：评价工厂质量保证能力、产品一致性、产品与标准的符合性。

（4）工厂检查的对象：认证产品和工厂的质量保证能力。

（5）工厂检查范围包括产品范围和场所界限。产品范围指认证产品。场所界限指与产品认证质量相关的场所、部门、活动和过程；当认证产品的制造涉及多个场所时，工厂检查的场所界限应至少包括例行检验、加施产品铭牌和CCC标识环节所在场所，必要时还应到其余场所（如关键工序）进一步检查，即延伸检查。

（6）工厂检查的实施者包括执行现场检查任务的检查组和制定工厂检查方案、策划、管理工厂检查任务、评定工厂检查结果的认证机构。

（7）工厂检查的方式：在认证实践中一般采用预先通知和预先不通知两

种方式。

（8）工厂检查在 CCC 认证中的重要性：

①与《强制性产品认证实施规则 生产企业分类管理、认证模式选择与确定》（CNCA-0C-003）定义的 CCC 认证六大要素（型式试验、企业质量保证能力和产品一致性检查、获证后的跟踪检查、生产现场抽取样品检测或者检查、市场抽样检测或者检查、设计鉴定）密切相关。上联型式试验、设计鉴定，下联监督抽样检测和认证机构的合格评定活动，在 CCC 认证环节中发挥承上启下的作用。

②工厂检查不仅能评价产品本身，还能从检验试验无法涉及的生产、制造，乃至设计环节，直接评价产品及工厂。

③通过工厂检查，不仅可以对工厂执行认证依据标准的情况进行检查，还可获知标准在实际生产应用中的情况，对工厂的新技术、新工艺进行评价，从而为标准的修订提供实际素材。

④通过对某行业中全部工厂的检查，可以定期对该行业的整体质量水平、生产特点、风险与诚信状况进行评价；在历年检查之后，还可对该行业的质量、技术、生产等总体发展趋势进行评价。

（二）产品一致性检查

定义：由认证机构委派的检查组，通常在生产企业现场，对产品一致性所进行的检查活动。

解析：

（1）检查依据：型式试验报告、经认证机构确认的产品描述、经认证机构确认的关键零部件清单、认证产品的变更批准资料等。

（2）检查内容：由产品认证实施规则/细则规定，通常包括产品铭牌、标识、技术参数、结构、关键件等。

（3）在工厂检查中，若一致性核查人员质疑认证产品的一致性、产品与标准的符合性时，可抽取产品到指定实验室进行检测验证。

（4）产品一致性控制贯穿产品实现全过程，工厂应从产品设计（设计变更）、工艺和资源、采购、生产制造、检验、产品防护与交付等适用的质量环节，对产品一致性进行控制。

（5）检查员对工厂一致性控制的检查应在对相关过程的检查中实施，不应局限在质保能力一致性控制条款的检查中。

（三）飞行检查

定义：正常监督检查的一种形式，是在不预先通知企业的情况下，委派检查组按有关规定自行直接到达生产现场，对获证企业实施工厂监督检查和／或监督抽样的活动。

（四）常规监督检查

定义：亦称例行监督检查，以保持认证证书的有效状态为目的，在相对固定的期限内，对工厂进行的检查和／或对产品进行的监督抽样。

（五）非常规监督检查

定义：在例行监督检查之外，针对产品或工厂的质量信息，以处置认证证书为目的，对工厂进行的不定期的和通常是预先不通知的检查和／或对产品进行的监督抽样。

（六）证书恢复工厂检查

定义：为将证书的状态由暂停恢复为有效，对工厂进行的检查和／或对产品进行的监督抽样。

五、与不符合整改有关的术语

（一）纠正

定义：为消除已发现的不合格品、不符合项所采取的措施。

解析：

（1）纠正的对象是已发现的不合格品、不符合项，目的是消除已发现的不合格。

（2）返工、降级可作为纠正的示例。

（3）纠正可以连同纠正措施一起实施。

（二）纠正措施

定义：为消除已发现的不合格或其他不期望情况的原因所采取的措施。

解析：

（1）与纠正不同，纠正措施的对象是导致已发现不合格或其他不期望情况的原因，纠正措施的目的是防止类似情况再次发生。

（2）一个不合格可以有若干个原因。

（三）预防措施

定义：为消除潜在不合格或其他潜在不期望情况的原因所采取的措施。

解析：

（1）纠正措施不同，预防措施的对象是可能导致发生不合格或其他潜在不期望情况的原因。预防措施的目的是防止发生，目前尚未发生不合格。

（2）一个潜在不合格可能有若干个原因。

说明：以上 3 个概念，在很多认证及产品知识中常常出现，本书在此不再赘述，其实际意义在于：在产品认证的工厂现场检查中，出具不符合项报告是很常见的事情，但在完成不符合整改的过程中无论是检查员还是企业从业人员，均存在诸多疑惑和不理解，此处笔者认为首先厘清概念，再去实践将事半功倍，具体的实际工作技巧将在本书后续讲解中进一步详细阐述。

第二节　安防产品的认证范围及发展历程

一、安防产品 CCC 认证目录的发展历程

我国 1978 年恢复国际标准化组织的成员国地位后，按照国际规范建立了中国强制性产品认证制度，并开展了相关的工作：对 107 种国内产品实施了产品安全认证；对 104 种进口商品实施了进口商品安全质量许可证制度，这项制度涉及 60 多个国家和地区。这些产品认证制度对提高我国产品质量水平和在国际市场上的竞争力，维护国家经济利益、经济安全，保护环境等方面起到了积极作用。2001 年 12 月 3 日国家质检总局、国家认监委 2001 年第 33 号公告《第一批实施强制性产品认证的产品目录》发布，该目录以原进口商品安全质量许可制度的产品和安全认证强制性监督管理的产品为基础，进行了少量调整，目录涉及安全、EMC、环保要求，包括十九大类，132 种产品。其中第十九大类为安全技术防范产品——入侵探测器产品，包含室内用微波多普勒探测器、主动红外入侵探测器、室内用被动红外探测器、微波与被动红外复合入侵探测器 4 种。

2004 年 6 月 1 日国家质量监督检验检疫总局、国家认证认可监督管理委员会发布的《实施强制性产品认证的安全技术防范产品目录》（2004 年第 62 号公告）中，第四批强制性认证产品目录中入侵探测器大类中新增加了：磁开关入侵探测器、振动入侵探测器、室内用被动式玻璃破碎探测器 3 种产品，同时将防盗报警控制器、汽车防盗报警系统、防盗保险柜、防盗保险箱等产品列入目录。在 2005 年 9 月 12 日国家质量监督检验检疫总局、国家认证认可监督管理委员会发布了《实施强制性产品认证的机动车零部件产品目录》（2005 年第 137 号公告），即第六批强制性认证产品目录中新增了汽车行驶记录仪产品和车身反光标识划归安防产品认证的范畴。2014 年 12 月 16 日发

布的 2014 年第 45 号公告《国家认监委关于发布强制性产品认证目录描述与界定表的公告》（简称《45 号公告》）对进行 CCC 强制性认证的入侵探测器的产品种类进行了完善，新增了其他类入侵探测器，自此形成了安防产品认证体系的最大规模。

2018 年 6 月 15 日，市场监管总局、国家认监委发布的《关于改革调整强制性产品认证目录及实施方式的公告》（2018 年第 11 号公告）将"汽车防盗报警系统"产品列入不再实施强制性产品认证管理的产品清单，从此，安防产品的认证目录随着国家 CCC 认证制度的变迁，步入了动态调整的常态。

2018 年 12 月 5 日，市场监管总局、认监委发布的《关于进一步落实强制性产品认证目录及实施方式改革的公告》（2018 年第 29 号公告）将"防盗保险柜、防盗保险箱"产品列入不再实施强制性产品认证管理的产品清单。将"汽车行驶记录仪、车身反光标识"产品列入自我声明评价方式的产品清单。2019 年 10 月 17 日，市场监管总局发布的《关于调整完善强制性产品认证目录和实施要求的公告》（2019 年第 44 号公告）中，"汽车行驶记录仪、车身反光标识"产品只能采用自我声明评价方式，不再发放强制性产品认证证书的要求。2020 年 4 月 21 日，市场监管总局发布的《关于优化强制性产品认证目录的公告》（2020 年第 18 号公告）中，优化后的强制性产品认证目录共十七大类 103 种产品，其中安防类产品包括两类：入侵探测器产品（1901）、防盗报警控制产品（1902）。

至此，安防产品 CCC 认证目录的发展历经 19 个年头，经过了一场由少到多、由多至精的发展历程，同时也是中国 CCC 认证制度变迁的一个缩影。

二、安防产品 CCC 认证范围体系的变迁

如前所述，自 2014 年 12 月 16 日国家认监委发布《45 号公告》之后，安防产品 CCC 认证体系基本形成，安全防范认证机构强制性认证产品范围包含两大类、四规则。其一，归类于安全防范产品，在《45 号公告》界定表中包

含 5 种，产品类别码：1901 ~ 1904，其中实体防护产品 2 种，规则包含《强制性产品认证实施规则 防盗报警产品》《强制性产品认证实施规则 安防实体防护产品》两个；其二，归类于机动车辆及安全附件，在《45 号公告》界定表中包含 2 种，产品类别码：1117、1118，规则包含《强制性产品认证实施规则 汽车行驶记录仪》《强制性产品认证实施规则 车身反光标识》两个。2020 年 4 月 21 日国家市场监管总局发布第 18 号公告《关于优化强制性产品认证目录的公告》（简称《18 号公告》），该公告发布后安防产品目录内产品剩余一个大类、一条规则，本部分内容将以上述两个公告中包含的认证产品为对象进行解读。

（一）2014 年《45 号公告》中关于安全防范强制性认证的产品种类

（1）《强制性产品认证实施规则 防盗报警产品》（CNCA-C19-01：2014）中规定的适用于安全防范产品 CCC 认证的产品种类有：

①入侵探测器（其中典型探测器有 7 类，其他类中包含光纤振动入侵探测器、激光入侵探测器等）；

②防盗报警控制器；

③汽车防盗报警系统。

（2）《强制性产品认证实施规则 安防实体防护产品》（CNCA-C19-02：2014）中规定的适用于安全防范产品 CCC 认证的产品种类有：

①防盗保险柜（其中有 1 类典型和 2 类专用型保险柜）；

②防盗保险箱。

（3）《强制性产品认证实施规则 汽车行驶记录仪》（CNCA-C11-14：2014）中规定的适用于安全防范产品 CCC 认证的产品种类有：汽车行驶记录仪（包含汽车行驶记录仪、具有行驶记录功能且行驶记录功能符合 GB/T 19056 要求的卫星定位装置）。

（4）《强制性产品认证实施规则 车身反光标识》（CNCA-C11-13：2014）中规定的适用于安全防范产品 CCC 认证的产品种类有：车身反光标识。

通过对《45 号公告》的研究不难发现，2014 年安全防范 CCC 认证产品范围族系图可简单描述如图 2-1 所示。

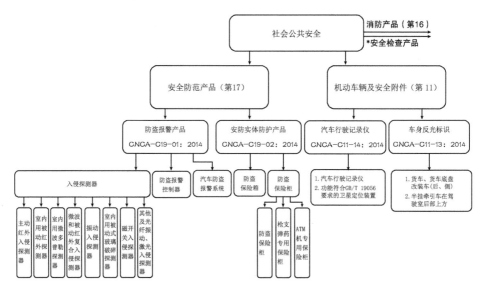

图 2-1　2014 年《45 号公告》安防产品 CCC 认证产品范围族系

从图 2-1 族系图可以看出：

①CCC 认证范围内的安全防范产品隶属于社会公安安全产品的产品范畴，属于安防产品的一个分支，是我国安防行业具有传统意义的、有一定代表性的产品。

②部分具有执法意义的汽车零部件产品划归安防产品认证的范畴。

③图中"第 16""第 17"等字样是指在《45 号公告》中的编号。

（二）安全防范强制性产品认证依据标准体系

从安防产品发展历程来讲，我国安全防范国家标准中的入侵探测器标准等采用 IEC 60839 系列标准；国家标准在发布新版后，旧版将自动废止；而 IEC 标准由于各国采用的版本不同，则是新旧版本并存的状态。从安防认证领域的标准体系技术起源看，部分标准修改采用 IEC 60839 系列标准：如车辆防盗报警系统等。

安全防范产品 CCC 认证依据标准如表 2-1 至表 2-3 所示。

表 2-1　入侵探测器产品（1901 类）CCC 认证依据标准（2014 版实施规则）

序号	产品名称	依据标准	对应国际标准
1	主动红外入侵探测器	《入侵探测器　第 1 部分：通用要求》（GB 10408.1—2000）；《入侵探测器　第 4 部分：主动红外入侵探测器》（GB 10408.4—2000）；《安全防范报警设备安全要求和试验方法》（GB 16796—2009）	Idt IEC 60839-2-2: 1987 Idt IEC 60839-2-3: 1987
2	室内用被动红外探测器	《入侵探测器　第 1 部分：通用要求》（GB 10408.1—2000）；《入侵探测器　第 5 部分：室内用被动红外探测器》（GB 10408.5—2000）；《安全防范报警设备安全要求和试验方法》（GB 16796—2009）	Idt IEC 60839-2-2: 1987 Idt IEC 60839-2-6: 1990
3	室内用微波多普勒探测器	《入侵探测器　第 1 部分：通用要求》（GB 10408.1—2000）；《入侵探测器　第 3 部分：室内用微波多普勒探测器》（GB 10408.3—2000）；《安全防范报警设备安全要求和试验方法》（GB 16796—2009）	Idt IEC 60839-2-2: 1987 Idt IEC 60839-2-5: 1990
4	微波和被动红外复合入侵探测器	《入侵探测器　第 1 部分：通用要求》（GB 10408.1—2000）；《微波和被动红外复合入侵探测器》（GB 10408.6—2009）；《安全防范报警设备安全要求和试验方法》（GB 16796—2009）	Idt IEC 60839-2-2: 1987 Idt IEC 60839-2-2: 1987
5	振动入侵探测器	《入侵探测器　第 1 部分：通用要求》（GB 10408.1—2000）；《振动入侵探测器》（GB/T10408.8—2008）；《安全防范报警设备安全要求和试验方法》（GB 16796—2009）	Idt IEC 60839-2-2: 1987
6	室内用被动式玻璃破碎探测器	《入侵探测器　第 1 部分：通用要求》（GB 10408.1—2000）；《入侵探测器　第 9 部分：室内用被动式玻璃破碎探测器》（GB 10408.9—2001）；《安全防范报警设备安全要求和试验方法》（GB 16796—2009）	Idt IEC 60839-2-2: 1987 Idt IEC 60839-2-7: 1994

序号	产品名称	依据标准	对应国际标准
7	磁开关入侵探测器	《入侵探测器 第 1 部分：通用要求》（GB 10408.1—2000）；《磁开关入侵探测器》（GB 15209—2006）；《安全防范报警设备安全要求和试验方法》（GB 16796—2009）	Idt IEC 60839-2-2: 1987
8	其他类入探测器	《入侵探测器 第 1 部分：通用要求》（GB 10408.1—2000）；《安全防范报警设备安全要求和试验方法》（GB 16796—2009）	Idt IEC 60839-2-2: 1987

表 2-2　其他安防产品（1902 ~ 1904 类）CCC 认证依据标准（2014 版实施规则）

序号	产品名称	依据标准	对应国际标准
1	防盗报警控制器	《防盗报警控制器通用技术条件》（GB 12663—2001）	参考英国 LPS 1200
2	汽车防盗报警系统	《车辆防盗报警系统乘用车》（GB 20816—2006）；《车辆反劫防盗联网报警系统通用技术条件》（GA/T 553—2005）	修改采用 IEC 60839-10-1
3	防盗保险柜	《防盗保险柜》（GB 10409—2001）；《电子防盗锁》（GA 374—2001）	—
4	枪支弹药专用保险柜	《枪支弹药专用保险柜》（GB 1051—2013）	—
5	ATM 机专用防盗保险柜	《防盗保险柜》（GB 10409—2001）；《信息技术 自动柜员机通用规范 第 1 部分：设备》（GB/T 18789.1—2013）；《电子防盗锁》（GA 374—2001）	—
6	防盗保险箱	《防盗保险箱》（GA 166—2006）；《电子防盗锁》（GA 374—2001）	—

表 2-3　划归安防认证范畴的机动车安全附件产品（1117、1118 类）CCC 认证依据标准（2014 版实施规则）

序号	产品名称	依据标准	对应国际标准
1	汽车行驶记录仪	《汽车行驶记录仪》（GB/T 19056—2012）；《机动车运行安全技术条件》（GB 7258—2004）	—
2	车身反光标识	《货车及挂车　车身反光标识》（GB 23254—2009）	—

（三）2020 年《18 号公告》中包含安全防范 CCC 认证产品的范围解析

2020 年 4 月 21 日发布的第 18 号公告中发布的安全防范产品共有两种防盗报警控制产品：入侵探测器和防盗报警控制器，具体类别如图 2-2 所示。

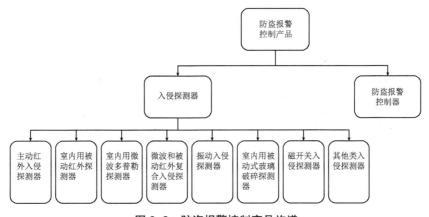

图 2-2　防盗报警控制产品族谱

1. 入侵探测器

入侵探测器是由传感器和信号处理器组成的用来探测入侵者入侵行为的电子和机械部件组成的装置。入侵探测器的分类可按其所用传感器的特点分为开关型入侵探测器、振动型入侵探测器、声音探测器、超声波入侵探测器、次声入侵探测器、主动与被动红外入侵探测器、微波入侵探测器、激光入侵探测器、视频运动入侵探测器和多种技术复合入侵探测器。也可按防范警戒区域分为点型入侵探测器、直线型入侵探测器、面型入侵探测器和空间型入侵探测器。

（1）入侵探测器的种类

1）主动红外入侵探测器

《入侵探测器　第 4 部分：主动红外入侵探测器》（GB 10408.4—2000）定义为：当发射机与接收机之间的红外辐射光束被完全遮断或按给定的百分比被部分遮断时能产生报警状态的探测装置。

一般应由红外发射机与红外接收机组成，包括主动红外入侵探测器、主动红外护栏，以及主动红外入侵探测器与其他设备集成的产品。

主动红外入侵探测器分为单光束型和多光束型，光栅是一种比较典型的多光束主动红外入侵探测器。常见的主动红外入侵探测器如图 2-3 所示。

a 双光束　　　　　　　　　　b 三光束　　　　　　　　c 光栅

图 2-3　常见的主动红外入侵探测器示例①

2）室内用被动红外探测器

《入侵探测器　第 5 部分：室内用被动红外探测器》（GB 10408.5—2000）中定义为：由于人在室内探测器覆盖区域内移动引起接收到的红外辐射电平变化而产生报警状态的一种探测器（图 2-4）。室内被动红外入侵探测

① 部分图片来源于网络。

器一般应有一个或多个传感器和一个处理器组成,包括被动红外探测器、被动红外与其他设备集成的产品。按照关键部件热释电红外传感器结构的不同可以分为单元和多元;按照探测角度范围的不同可以分为广角和幕帘式;按照安装方式的不同,可以分为壁挂式和吸顶式(图2-5);按照电源供电方式的不同,可以分为交流供电探测器和直流供电探测器;按照数据通信方式的不同,可以分为无线探测器和有线探测器;等等。

图2-4　外形大小各异的室内用被动红外探测器

　　　a 壁挂式(直流供电)　　　　b 壁挂式(交流供电)　　　　　c 吸顶式

图2-5　室内用被动红外探测器示例

3)室内用微波多普勒探测器

《入侵探测器　第3部分:室内用微波多普勒探测器》(GB 10408.3—2000)中定义为:由于人体移动使反射的微波辐射频率发生变化而产生报警

状态的一种探测器。一般应有一个或多个传感器和一个信号处理器组成，包括微波多普勒探测器、微波多普勒探测器与其他设备集成的产品。按其工作原理和组成的不同可分为微波多普勒探测器和微波墙式探测器（图 2-6）。

图 2-6 室内用微波多普勒探测器示例

4）微波和被动红外复合入侵探测器

《入侵探测器 第 6 部分：微波和被动红外复合入侵探测器》（GB 10408.6—2009）中定义为：将微波和被动红外两种单元组合于一体，且当两者都感应到人体的移动，同时都处于报警状态时才会发出报警信号的装置。一般应由微波单元、被动红外单元和信号处理器组成，并应装在同一机壳内。包括微波和被动红外复合入侵探测器、微波和被动红外复合入侵探测器与其他设备集成的产品。

5）振动入侵探测器

《入侵探测器 第 8 部分：振动入侵探测器》（GB/T 10408.8—2008）中定义为：在探测范围内能对入侵者引起的机械振动（冲击）产生报警信号的装置。一般应由振动传感器、适调放大器和触发器组成，包括振动入侵探测器、振动入侵探测器与其他设备集成的产品。按照警戒对象分类，振动入侵探测器的类型包括地音振动入侵探测器、建筑物振动入侵探测器、保险柜振动入侵探测器和 ATM 机振动入侵探测器。

6）室内用被动式玻璃破碎探测器

《入侵探测器　第9部分：室内用被动式玻璃破碎探测器》（GB 10408.9—2001）中定义为：专指一种探测器，其传感器被安装在玻璃表面上，它能对玻璃破碎时通过玻璃传送的冲击波做出响应。

对于使用压电传感器的被动式玻璃破碎探测器，其传感器通过一种黏合剂粘接在玻璃表面上（图2-7）。

图2-7　室内用被动式玻璃破碎探测器示例

7）磁开关入侵探测器

《磁开关入侵探测器》（GB 15209—2006）中定义为：磁开关由开关盒和磁铁盒构成。当磁铁盒相对于开关盒移开或移近至一定距离时，能引起开关状态变化的装置（图2-8）。

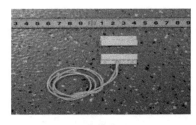  

a 有线式　　　　　　　　b 无线式　　　　　　　c 卷帘门式

图2-8　常见的磁开关入侵探测器示例

8）其他类入侵探测器

《45 号公告》中入侵探测器"对产品适用范围的描述或列举"对其他类入侵探测器的范围界定为：用于防盗报警的其他电子入侵探测器；包括光纤振动对射入侵探测器、激光对射入侵探测器、激光扫描探测器等（图 2-9）。

a 光纤振动对射入侵探测器　　　b 激光对射入侵探测器　　　c 激光扫描探测器

图 2-9　一些典型的其他类入侵探测器示例

光纤振动对射入侵探测器目前在认证实际中除了满足振动入侵探测器部分标准要求外，还需满足 GA/T 1217—2015 标准的部分要求。故把其归入其他类入侵探测器中。

激光对射入侵探测器定义为：当发射机与接收机之间的激光光束被遮挡时，能产生报警状态的探测装置。一般应由发射机与接收机组成。

激光扫描探测器定义为：由于物体移动使反射的激光束的接收时间发生变化而产生报警状态的一种探测器。

（2）入侵探测器类产品判定示例

一款产品是否在 CCC 认证范围内，主要从以下内容进行判别：产品、标识、说明书。

图 2-10a 是产品外观类似室内用被动红外探测器，此样品为 220 V/50 Hz、插头直接安装、控制小夜灯亮灭，不具备产生报警状态，并输出报警信号，故不属安全防范强制性认证产品范围；图 2-10b 则是一款典型的入侵探测器产品，属于 CCC 认证范围。

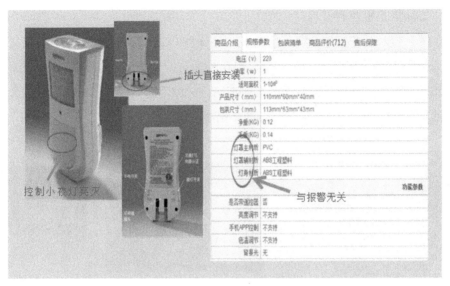

a 不属于安全防范强制性认证的产品

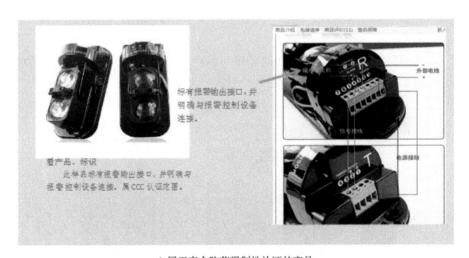

b 属于安全防范强制性认证的产品

图 2-10　入侵探测器类产品判定示例

2. 防盗报警控制器

《入侵和紧急报警系统 控制指示设备》（GB 12663—2019）中的定义：
在入侵和紧急报警系统中具有信号接收、处理、控制、指示、记录等功能的设备。
按照探测器与控制指示设备之间信号传输方式的不同，将控制指示设备分为：
有线型、无线型和有线 / 无线复合型（图 2-11）。

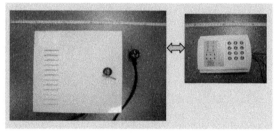

a 无线型　　　　　　　　　　　　　　　　b 有线型

图 2-11　防盗报警控制器示意

通常情况下，集成报警功能的楼宇对讲产品也可以进行安全防范强制性
认证（图 2-12）。

图 2-12　集成报警功能的楼宇对讲产品

识别防盗报警控制器产品是否在认证范围的示例如图 2-13 所示。

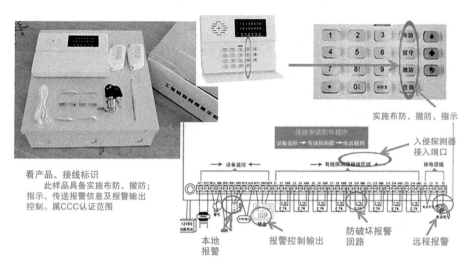

图 2-13　防盗报警控制器是否在认证范围的示例

第三节　安防产品主要生产工艺的基础知识

一、PCB

（一）定义

PCB（Printed Circuit Board），中文名称为印制电路板，又称印刷线路板，是重要的电子部件，是电子元器件的支撑体，是电子元器件电气连接的载体。由于它是采用电子印刷术制作的，故又称为"印刷"电路板。

（二）基础知识

印制电路板最早使用的是纸基覆铜印制板。目前印制板的品种已从单面板发展到双面板、多层板和挠性板。1936 年 PCB 的创造者奥地利人保罗·爱斯勒（Paul Eisler）首先在收音机里采用了印制电路板。1943 年，美国人多将该技术运用于军用收音机，1948 年，美国正式认可此发明可用于商业用途。自 20 世纪 50 年代中期起，印制电路板才开始被广泛运用。印制电路板几乎会出现在每一种电子设备当中。

PCB 的主要功能是使各种电子零组件形成预定电路的连接，起中继传输的作用，是电子产品的关键电子互连件，有"电子产品之母"之称。具有高密度化、高可靠性、可设计性、可生产性、可测试性、可组装性、可维护性等特点，一旦系统发生故障，可以快速、方便、灵活地进行更换，迅速恢复系统的工作。

（三）PCB 在 CCC 认证中的作用

（1）PCB 是最重要的关键件芯片的承载部件。

（2）PCB 是单元划分的主要依据。

（3）PCB 是工厂检查现场抽样过程中生产、检验抽查的必查要素。

二、贴片

（一）定义

SMT（Surface Mounted Technology）贴片指的是在 PCB 基础上进行加工的系列工艺流程的简称，是一项表面组装技术（表面贴装技术），是电子组装行业里最流行的一种技术和工艺，称为表面贴装或表面安装技术。它是一种将无引脚或短引线表面组装元器件（Surface Mounted Component/Devices，SMC/SMD 或称片状元器件）安装在印制电路板或其他基板的表面上，通过再流焊或浸焊等方法加以焊接组装的电路装连技术。

（二）主要生产工艺

在通常情况下，入侵探测器及防盗报警控制器类产品是由 PCB 加上各种电子元器件按设计的电路图设计而成的，其基本工艺通常包括锡膏印刷→零件贴装→回流焊接→ AOI 光学检测→维修→分板等。

贴片加工的优点：组装密度高、电子产品体积小、重量轻，贴片元件的体积和重量只有传统插装元件的 1/10 左右，一般采用 SMT 之后，电子产品体积缩小 40% ~ 60%，重量减轻 60% ~ 80%；可靠性高、抗振能力强；焊点缺陷率低；高频特性好；减少了电磁和射频干扰；易于实现自动化，提高生产效率；降低成本达 30% ~ 50%；节省材料、能源、设备、人力、时间等。

SMT 基本工艺构成要素包括丝印（或点胶）、贴装（固化）、回流焊接、清洗、检测、返修等。

（1）丝印：其作用是将焊膏或贴片胶漏印到 PCB 的焊盘上，为元器件的焊接做准备。所用设备为丝印机（丝网印刷机），位于 SMT 生产线的最前端。

（2）点胶：它是将胶水滴到 PCB 板的固定位置上，其主要作用是将元器件固定到 PCB 板上。所用设备为点胶机，位于 SMT 生产线的最前端或检测设备的后面。

（3）贴装：其作用是将表面组装元器件准确安装到 PCB 的固定位置上。所用设备为贴片机，位于 SMT 生产线中丝印机的后面。

（4）固化：其作用是将贴片胶融化，从而使表面组装元器件与 PCB 板牢固粘接在一起。所用设备为固化炉，位于 SMT 生产线中贴片机的后面。

（5）回流焊接：其作用是将焊膏融化，使表面组装元器件与 PCB 板牢固粘接在一起。所用设备为回流焊炉，位于 SMT 生产线中贴片机的后面。

（6）清洗：其作用是将组装好的 PCB 板上面的对人体有害的焊接残留物（如助焊剂等）除去。所用设备为清洗机，位置可以不固定，可以在线，也可以不在线。

（7）检测：其作用是对组装好的 PCB 板进行焊接质量和装配质量的检测。所用设备有放大镜、显微镜、在线测试仪（ICT）、飞针测试仪、自动光学检测（AOI）、X–RAY 检测系统、功能测试仪等。位置根据检测的需要，可以配置在生产线合适的位置。

（8）返修：其作用是对检测出现故障的 PCB 板进行返工。所用工具为烙铁、返修工作站等。配置在生产线中任意位置。

三、回流焊

（一）工艺原理

一般情况下，焊接设备的内部有一个加热电路，将空气或氮气加热到足够高的温度后吹向已经贴好元件的线路板，让元件两侧的焊料融化后与主板粘接。这种工艺的优势是温度易于控制，焊接过程中能避免氧化，制造成本也更容易控制。其中文名称：回流焊，英文名称：Reflow Soldering。

（二）技术发展背景

由于 PCB 不断小型化的需要，出现了片状元件，传统的焊接方法已不适应需要。随着 SMT 技术发展的日趋完善，以及多种贴片元件（SMC）和贴装器件（SMD）的出现，作为贴装技术一部分的回流焊工艺技术及设备也得到相应的发展，回流焊大致可分为以下 5 个发展阶段。

（1）热板传导回流焊设备：热传递效率最慢，不同材质的加热效率不一样，有阴影效应。

（2）红外热辐射回流焊设备：热传递效率慢，不同材质的红外辐射效率不一样，有阴影效应，元器件的颜色对吸热量有很大的影响。

（3）热风回流焊设备：热传递效率比较高，无阴影效应，颜色对吸热量没有影响。

（4）气相回流焊接系统：热传递效率高，无阴影效应，焊接过程需要上下运动，冷却效果差。

（5）真空蒸汽冷凝焊接（真空汽相焊）系统：密闭空间的无空洞焊接，热传递效率最高，焊接过程保持静止无振动。冷却效果优秀，颜色对吸热量没有影响。

（三）回流焊炉的分类

1. 根据技术分类

分为热板传导回流焊炉、红外回流焊炉、气相回流焊炉、热风回流焊炉、红外＋热风回流焊炉、热丝回流焊炉、激光回流焊炉（光束回流焊炉）、感应回流焊炉、聚红外回流焊炉等。

2. 根据形状分类

分为台式回流焊炉、立式回流焊炉。

3. 根据温区分类

回流焊炉的温区长度一般为 45 ～ 50 cm，温区数量可以有 3、4、5、6、7、8、9、10、12、15 个，甚至更多温区，从焊接的角度，回流焊至少有 3 个温区，即预热区、焊接区和冷却区，很多炉子在计算温区时通常将冷却区排除在外，即只计算升温区、保温区和焊接区。

（四）常见工艺流程及指标

回流焊流程比较复杂，可分为两种：单面贴装、双面贴装。

1. 单面贴装

主要流程：预涂锡膏 →贴片（分为手工贴装和机器自动贴装）→ 回流焊 → 检查及电测试。

2. 双面贴装

主要流程：A 面预涂锡膏 → 贴片（分为手工贴装和机器自动贴装）→ 回流焊 → B 面预涂锡膏 →贴片（分为手工贴装和机器自动贴装）→ 回流焊 → 检查及电测试。

3. 温度曲线

温度曲线是指 SMA（形状记忆合金）通过回炉时，SMA 上某一点的温度随时间变化的曲线。温度曲线提供了一种直观的方法，来分析某个元件在整个回流焊过程中的温度变化情况。对于获得最佳的可焊性，避免由于超温而对元件造成损坏，以及对保证焊接质量都非常有用。

（五）常见的焊接缺陷

1. 桥联

焊接加热过程中会产生焊料塌边，这个情况出现在预热和主加热两种场合，当预热温度在几十至 100 范围时，作为焊料中成分之一的溶剂会降低黏度而流出，如果其流出的趋势十分强烈，会同时将焊料颗粒挤出焊区外形成合金颗粒，在熔融时如不能返回焊区内，也会形成滞留焊料球。

另外，SMD 元件端电极是否平整良好，电路线路板布线设计与焊区间距是否规范，助焊剂涂敷方法的选择和其涂敷精度等都是造成桥联的原因。

2. 立碑

立碑，又称曼哈顿现象。片式元件在遭受急速加热情况下发生的翘立，这是因为急热元件两端存在的温差，电极端一边的焊料完全熔融后获得良好的润湿，而另一边的焊料未完全熔融而引起润湿不良，这样促使了元件的翘立。因此，加热时要从时间要素的角度考虑，使水平方向的加热形成均衡的温度分布，避免急热的产生。

3. 润湿不良

润湿不良是指焊接过程中焊料和电路基板的焊区（铜箔）或 SMD 的外部电极，经浸润后不生成相互间的反应层，从而造成漏焊或少焊故障。

其原因大多是焊区表面受到污染或沾上阻焊剂，或是由于被接合物表面生成金属化合物层而引起的。譬如银的表面有硫化物，锡的表面有氧化物都会产生润湿不良。另外，焊料中残留的铝、锌、镉等超过 0.005% 以上时，由于焊剂的吸湿作用使其活化程度降低，也可发生润湿不良。因此，在焊接基板表面时和元件表面时要做好防污措施。选择合适的焊料，并设定合理的焊接温度曲线。

（六）常见的回流焊方式

1. 充氮回流焊

即在回流焊中使用惰性气体保护，出于价格的考虑，一般都是选择氮气保护。氮气回流焊具有以下优点。

（1）防止氧化。

（2）提高焊接润湿力，加快润湿速度。

（3）减少锡球的产生，避免桥联，得到良好的焊接质量。

2. 双面回流

适用于双面 PCB，一般是通过回流焊接上面（元器件面），然后通过波峰焊来焊接下面（引脚面），或双面均采用回流焊，该工艺的常见问题是，板底部元件可能会在第二次回流焊过程中掉落，或者底部焊接点部分熔融而造成焊点的可靠性问题。该问题可以通过适当的工艺设计得到有效的改善。

3. 通孔回流焊

有时也称为分类元器件回流焊，它可以去除波峰焊环节，而成为 PCB 混装技术中的一个工艺环节，该项技术的一个最大好处就是可以在表面贴装，同时使用通孔插件来得到较好的机械连接强度。对于较大尺寸的 PCB 板，若平整度不能使所有表面贴装元器件的引脚都能和焊盘接触，或即使引脚和焊盘都能接触上，它所提供的机械强度也往往是不够大的，很容易在产品的使用中脱开而成为故障点。

4. 连续回流焊

与普通回流炉最大的不同点是该方法的焊炉需要特制的轨道来传递柔性板。这样的炉子必须具备应变随机停顿的能力，继续处理完该段柔性板，并在全线恢复连续运转时回到正常工作状态。

5. 垂直烘炉

适用填充或灌胶来加强焊点结构，使其能抵受住由于硅片与 PCB 材料的热胀系数不一致而产生的应力，经常采用上滴或围填法来把晶片用胶封起来。

6. 曲线仿真优化

使用计算机技术对回流焊焊接工艺进行仿真，可以大大缩短工艺准备时间，降低实验费用，提高焊接质量，减小焊接缺陷。

7.可替换装配

可替换装配和回流焊技术工艺（Alternative Assembly and Reflow Technology,AART）可以同时进行通孔元器件和表面贴装元器件的回流焊接，省去了波峰焊和手工焊，与传统工艺相比成本更低、周期更短、缺陷率更小。

四、波峰焊

（一）定义

波峰焊是让插件板的焊接面直接与高温液态锡接触以达到焊接目的，其高温液态锡保持一个斜面，并由特殊装置使液态锡形成一道道类似波浪的现象，所以叫"波峰焊"，其主要材料是焊锡条。

（二）工艺原理

波峰焊是指将熔化的软钎焊料（如铅锡合金），经电动泵或电磁泵喷流成设计要求的焊料波峰，或通过向焊料池注入氮气来形成，使预先装有元器件的印制板通过焊料波峰，实现元器件焊端或引脚与印制板焊盘之间机械与电气连接的软钎焊。

（三）常见工艺流程

将元件插入相应的元件孔中 →预涂助焊剂→ 预热（温度 90 ~ 100 ℃，长度 1.0 ~ 1.2 m）→ 波峰焊（220 ~ 240 ℃）冷却 → 切除多余插件脚 → 检查。

（四）常见的焊接缺陷及成因

1.焊料不足

产生原因：PCB 预热和焊接温度太高，使熔融焊料的黏度过低；插装孔的孔径过大，焊料从孔中流出；焊料被拉到焊盘上，使焊点干瘪；插装孔质量差或助焊剂流入孔中；波峰高度不够；印制板爬坡角度偏小，不利于焊剂排气等。

2. 焊料过多

产生原因：焊接温度过低或传送带速度过快，使熔融焊料的黏度过大；焊剂活性差或比重过小；焊盘、插装孔、引脚可焊性差；焊料中锡的比例减小，或焊料中杂质成分过高；焊料残渣太多。

3. 锡丝

产生原因：PCB 预热温度过低；印制板受潮；阻焊膜粗糙，厚度不均匀。

4. 漏焊（虚焊：粗糙，粒状，光泽差，流动性不好）

形成原因：钎接温度低热量供给不足；PCB 或元器件引线可焊性差；钎料未凝固前焊接处晃动；流入了助焊剂。

5. 冷焊（波峰焊后焊点出现熔涌状不规则的角焊缝，基体金属盒钎料之间不润湿或润湿不足，甚至出现裂纹）

产生原因：钎料槽温度低；夹送速度过高，焊接时间短；PCB 在正常焊接时由于热容量大的元器件的引脚焊点累积不到足够的热量。

6. 焊点拉尖

形成原因：焊盘被氧化；助焊剂用量少；预热不当；钎料槽温度低；夹送速度过低，焊接时间过长；PCB 压波深度过大；铜箔太大，PCB 太小；助焊剂不合适或变质；钎料纯度不适；夹送倾角不适。

7. 空洞

形成原因：孔线配合关系严重失调；PCB 打孔偏离了焊盘中心；焊盘不完整；孔周围有毛刺或被氧化；引线氧化，脏污，预处理不良。

8. 焊料球（珠）

形成原因：PCB 在制造或储存中受潮；环境湿度大；镀层和助焊剂不相容；漏涂助焊剂或涂覆量不合；阻焊层不良，黏附钎料残渣；基板加工不良；预热温度不合适；镀银件密集；钎料波峰状选择不合适。

9. 气孔（气泡／针孔）

形成原因：助焊剂过量或焊前容积发挥不充分；基板受潮。孔位和引线间隙太小；孔金属不良。

10. 润湿不良（表面严重污染而导致可焊性不良的极端情况下，同一表面会同时出现非润湿和半润湿共存状态）

形成原因：基本金属体不可焊；助焊剂活性不够或变质失效；表面上油或油脂类物质使助焊剂和钎料不能与被焊表面接触；波峰焊接时间或者温度控制不当。

11. 焊点的轮廓敷形（堆焊 / 干瘪）

形成原因：钎料在焊点上堆集过多；钎料过少干瘪，吃锡严重不足，不能完全封住被连接的导线，使其部分暴露在外；在 PCB 上钎接圆形截面引线时接触角及润湿高度设置不合理。

12. 暗色焊点或颗粒状焊点

形成原因：钎料中金属本质过量积累；钎料中金属量降低；焊点被化学腐蚀而发暗；防氧化油使焊点产生颗粒和凹凸不平状；焊接时过热。

13. 焊点桥联或短路（过多的钎料使相邻线路或在同一导体上堆集，分别称为桥接和短路）

形成原因：PCB 设计不合理，焊盘间距过窄；插装元器件引脚不规则或插装歪斜，焊接前引脚之间已经接近或已经碰上；PCB 预热温度过低；相邻导线或焊盘间距过短；基体金属表面不洁净；钎料纯度不够；焊接温度过低；传送带速度过快等。

第三章

安防产品 CCC 认证流程及工厂检查的基本要求

第一节　认证的基本流程

一、产品认证流程

认证委托人（申请人）向认证机构提出认证委托时，需提供必要的申请资料，配合完成必要的认证流程并经评价合格后可获得认证证书。

由于产品特点的不同，认证程序不尽相同。有些产品是先进行工厂检查，再抽取样品进行型式试验；有些产品不进行工厂初始检查，如玩具类的一些产品采取的认证模式为型式试验 + 符合性声明 + 获证后监督；有些产品是型式试验后，再进行工厂检查，同时抽取样品进行检验。如电线产品等。

典型的认证模式主要包括以下内容：

认证申请——提交认证申请书和相关资料；

受理申请；

工厂质量保证能力的初次检查；

产品的初次检测（型式试验）；

综合评定、发证；

获证后对产品和质量保证能力的监督。

具体流程如图 3-1 所示：

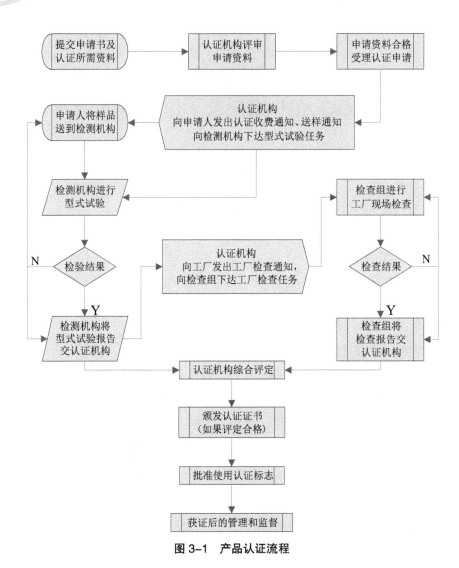

图 3-1 产品认证流程

二、初次认证的主要流程及节点介绍

一个完整的初次证书申请认证流程一般可以分为以下几个阶段。

（一）阶段 1：申请受理

认证机构收到符合要求的申请后，向申请人发出受理通知，通知申请人发送或寄送有关文件、资料、收费通知等。

（二）阶段 2：资料审查

1. 该阶段一般需提交的资料

（1）认证申请书；注册证明；产品描述；关键件明细表；工厂调查表、主要生产设备和检测设备清单；生产工艺流程图等。

（2）当认证委托人、生产者（制造商）、生产厂不是同一组织时，如 ODM、OEM，应提交不同组织之间订立的相关合同副本。

（3）认证委托人委托他人（代理机构）申请产品认证的，应当与受委托人订立认证、检测、检查和跟踪检查等事项的合同，受委托人应当同时向认证机构提交委托书、委托合同的副本和其他相关合同的副本等。

2. 资料审查的主要要求

（1）生产者（制造商）、生产企业的注册证明一般应符合以下要求：①已获得有效年审。②营业范围至少包括申请认证产品的生产。③符合制造该产品的安全或其他要求。④最好提供有年审标志的副本复印件。

（2）申请书中认证相关信息及《工厂检查调查表》的填写要求：

①生产者和认证委托人注册名称、地址应与营业执照上名称一致。

②工厂地址应填写认证产品最终装配和 / 或试验，以及加施认证标志的实际场所。

③电话、传真、电子邮箱等应填写，以方便找到联系人信息。

④必要时提供能便捷地抵达工厂的交通路线指示图。

⑤认证所依据的安全标准及相关标准的编号、年份和标准名称为最新有效版本。

⑥必要时提供生产认证产品的工艺流程图，并标出其关键工序和检验点。

⑦"关键生产设备明细表""主要检测仪器、检测设备明细表"，填写

在生产过程中所要用到的关键的、必备的设备等。

⑧获得的其他认证：a. 列出申证产品已经获得的产品认证证书、质量管理体系获得的认证证书情况；b. 需提交认证证书的复印件，并说明最近一次审核的日期和结论。

⑨工厂检查安排：a. 目的是了解工厂的作息时间，以便合理地安排检查工作。工厂是否接受在休息日进行检查，是否允许进入涉及认证产品生产及管理的所有场所。b. 不可进入的场所，应说明其理由，并说明不可进入的场所是否涉及认证产品安全质量性能的加工。

（3）申请书中产品描述、关键件明细表的填写应按照认证机构的要求。

（4）ODM 协议、OEM 协议及委托加工合同的填写要求：①应明确委托加工产品的名称、型号、规格等技术要求。②应明确委托加工产品的期限或批次。③涉及 CCC 认证标识委托加施的，须在协议/合同中说明关于强制性产品认证标识委托加施的相关责任。④其他涉及产品质量管控可能产生法律纠纷、违约责任的内容。

3. 在资料审查阶段，受理工程师及技术专家需对认证申请进行单元划分

单元划分原则一般在《产品认证实施细则》中规定。单元划分后，若需要进行样品测试，受理工程师向申请人发送送样通知及相应的付费通知，同时，通知申请人向相应的检测机构发送样品接收通知。

（三）阶段 3：送样的样品接收

样品一般由认证委托人直接送达指定的检测机构。检测机构对收到的样品进行验收，填写样品验收报告，对于不合格的样品将出具样品整改通知，整改后填写样品验收报告。

认证机构一般在确认认证委托人相关费用付清后，向申请人发出正式受理通知，向检测机构发出检测任务书，样品测试正式开始。

（四）阶段 4：型式试验

认证委托人在型式试验阶段常见的注意事项包括以下内容。

（1）通过网上申请的，应及时查询账号上的送样通知，并按通知的要求提供样品。

（2）应该重点关注送样通知以下内容：①要求认证委托人在规定的时间内将样品送至指定的检测机构。②指定样品或指定样品的条件及数量。③指定应同时附送的零部件。④指定应同时附送的文件或资料要求。

（3）样品应具有代表性：多个型号规格产品申请认证，应提供差异说明，其样品一般是本单元中结构最复杂、功能最齐全或危险性最大的一个或几个型号。例如，有附件随机试验，除整机外还需提供附件的技术资料和样品。对于派生产品申请，需提供与原型机之间的型号规格产品的差异说明，必要时提供原型机的型式试验报告。

认证委托人应按认证机构或检测机构收费通知的要求，及时交纳检测费用。

（4）型式试验结果合格的，检测机构出具型式试验报告，交认证机构进行评定。对于型式试验结果不合格的，有以下两种情况：①申请人放弃认证申请，检测机构出具型式试验报告送交认证机构。②申请人愿意继续申请认证，则应采取整改措施，直至产品满足规定要求。整改过程中如果改变了产品的结构、关键件，则应修改产品描述，认证机构收到检验结果合格的型式试验报告后，向申请人发出工厂检查通知。

（五）阶段 5：工厂审查

对于需要进行工厂审查的申请，认证机构按照实施细则的要求组织进行工厂审查，常见问题如下。

（1）检查人日数：工厂检查所需的人日数取决于实施规则 / 细则规定、工厂规模和申请认证的范围。

（2）检查时机：初始工厂检查通常安排在型式试验合格后进行，为确保产品一致性检查有效实施，工厂应生产申证产品，或者生产同类产品且有申证产品的库存；特殊情况下可与型式试验同步进行，但该种方式，如果型式试验结论不合格，或者型式试验合格的样品与初始工厂检查时的产品描述、关键件明细表不一致，则可能产生一致性检查结论不通过的风险。

（3）检查范围：通常包括生产申证产品的产品范围和场所范围。

①产品范围：产品的名称、型号和规格（规格范围）等。

②场所范围：工厂（生产场所）的实际地址。

不同的生产场所应作为不同的单元提出申请，并分别接受工厂检查未经工厂检查的场所，其生产的产品不得使用认证标志。

（4）检查准则：用作依据的一组方针、程序或要求。有时也将"检查准则"称为"检查依据"。主要的工厂检查准则包括：

①有关产品认证的法律法规。

②产品认证实施规则 / 细则及其附件"工厂质量保证能力要求"等。

③产品认证实施规则 / 细则确定的认证依据标准。

④型式试验报告或经认证机构确认的产品描述。

⑤认证机构根据实施规则要求制定的相关规定及与产品认证相关联的补充检查要求。

⑥工厂质量文件的有效版本等。

（5）检查内容和检查方法

①检查内容包括工厂质量保证能力、产品一致性。

②工厂检查的过程通常包括首次会议、现场参观（必要时）、现场检查、形成检查报告、末次会议等。

③工厂应配合检查组的工作，提供相关证据，配合实施目证试验，为检查组安排向导、提供工作场所；必要时应向检查组提供复印、打印、上网、传真、电话等支持。

（6）检查结论

CCC 工厂检查结论有以下 4 种。

①无不符合项，工厂检查通过。

②存在不符合项，工厂应在规定的期限内采取纠正措施，报检查组验证有效后，工厂检查通过。否则，工厂检查不通过。

③存在不符合项，工厂应在规定的期限内采取纠正措施，检查组现场验证有效后，工厂检查通过。否则，工厂检查不通过。

④存在不符合项，工厂检查不通过。通常，初次工厂检查可判定工厂检查不通过的项目包括：缺少关键资源、产品一致性存在严重问题、认证机构规定的其他条件。

（六）阶段6：合格评定

受理工程师对各阶段的结果进行收集整理后，进行初评。合格评定人员对以上结果进行复评。

（七）阶段7：证书批准

认证机构相关责任人签发证书。

（八）阶段8：证书的打印、领取、寄送和管理

三、获证后监督

（一）监督的类型、目的

认证机构依据实施规则/细则的要求对持证人实施监督，通常每年不少于一次。监督的主要类型为日常监督和特殊监督。

日常监督：按规定的频次定期进行的监督。

特殊监督：发生特定情况时，额外增加的监督；包括但不限于特殊检查、恢复检查、巡查等。

一般需额外增加监督的异常情况主要有以下几种情况。

（1）获证产品出现严重质量问题。

（2）认证机构有足够理由对获证产品与认证依据标准要求的符合性提出质疑时。

（3）有足够信息表明工厂变更了组织机构、生产条件、质量管理体系等，从而可能影响产品一致性。

（4）工厂检查人员的行为不规范，导致工厂检查结果不可信等。

获证后监督的目的主要可以归纳为以下两条。

（1）证实工厂的质量保证体系是否持续满足规定的要求。

（2）证实获证的批量产品是否持续满足认证标准及有关技术条件的要求。

（二）监督的内容

一般年度监督的主要内容包括监督检查和抽样检验。

监督检查的内容主要包括工厂质量保证能力要求、认证证书和认证标志使用情况、认证产品的一致性、自上次检查后的变更情况、上次工厂检查发现的不符合项整改情况。

抽样检验：检查组将按认证机构的抽样要求抽取样品，检测项目一般由产品认证实施规则／细则或认证机构规定。

（三）监督的结论

工厂监督检查的结论和初次工厂检查的结论相同，也为4种，详见本节"二、（五）阶段5：工厂审查"中已述内容。一般情况下，工厂监督检查可判定不通过的项目包括以下几种。

（1）出现初始检查时可判定工厂检查不通过的项目。

（2）产品变更程序制定后未有效实施，造成失控的。

（3）整改措施上报通过后应实施而未实施的（不符合重复出现）。

（4）未在规定期限内提供符合要求的整改措施。

（5）滥用认证标志和证书。

（6）认证机构规定的其他条件。

认证机构对"监督检查报告"和"抽样检验报告"进行评定，评定合格的获证组织可继续保持认证资格，使用认证标志；评定不合格的，认证机构应暂停直至撤销认证证书，暂停证书期间，产品不得加贴认证标志，获证组织应在规定的期限内实施整改；逾期未进行有效整改的，将被撤销认证证书，并不得在产品上加贴认证标志。获证产品连续一定期限不生产，导致监督不能正常进行的，认证证书将被暂停。

（四）认证标志的使用

获得 CCC 认证的组织，应向其颁发认证证书的机构购买 CCC 认证标志（一般称为标准标志）或申请 CCC 标志使用许可（一般称为模压印刷批准），并按照相关强制性认证标志管理规定和相应产品认证实施规则的规定使用认证标志。

四、认证变更

CCC 证书作为 CCC 认证结果的一种体现形式，其证书有效性一般通过每年的持续监督来维持其有效性，认证证书的内容变更和状态变化是证书管理工作的主要内容，认证各相关方对证书管理首先需满足《强制性产品认证管理规定》（俗称 117 号令）的相关规定，在实际认证实务中，可依据本部分整理的相关知识参照执行。

（一）产品认证变更的种类

一般产品认证变更的类型可归纳为以下几种。

（1）获证产品命名方式改变导致产品名称、型号变化或者获证产品的生产者、生产厂名称、地址名称发生变更的。

（2）获证产品型号变更，但不涉及安全性能和电磁兼容内部结构变化的；或者获证产品减少同种产品型号的。

（3）获证产品的关键元器件、规格和型号，以及涉及整机安全或者电磁兼容的设计、结构、工艺和材料或者原材料生产企业发生变更的。

（4）获证产品生产企业地点或其质量保证体系、生产条件等发生变更的。

（5）产品认证所依据的国家标准、技术规则或者认证实施规则更新的。

（二）各种类型变更申请通常需要提交的资料

（1）产品命名方法引起的产品名称、型号变更，提交申请变更后的产品名称、型号与原获证产品名称、型号间差异性声明，退回证书原件。

（2）产品型号变更、内部结构不变（不涉及认证特性），提交申请变更后的产品名称、型号与原获证产品名称、型号间差异性声明，退回证书原件。

（3）在证书上减少同种产品其他型号，申请时应提交减少型号的正式说明（正本），退回证书原件。

（4）认证委托人、生产者、工厂名称、地址名称变更；认证委托人和生产者注册地址变更；工厂实际生产地址搬迁。申请时应退回证书原件，并提交下列适用文件：

①上级主管部门同意更名的批复。

②营业执照复印件。

③当地企业登记机构开具的证明。

④地址登记机构开具的证明。

⑤其他需提交的证明文件。

（5）认证所依据的标准、技术规则或者认证实施规则更新，退回证书原件，按照认证机构的要求实施变更。

（6）明显影响产品的设计和规范发生了变化，如获证产品与产品安全和电磁兼容有关的结构、关键件和原材料变更，提交有关产品设计和规范变化的正式声明，必要时提供变化前后的比照资料。

（7）生产厂的质量体系发生变化，提交有关质量体系变化的正式声明。

（三）变更的实施

1. 获证前的变更

对于正在认证过程中的变更申请，经认证机构审查合格后，向有关检测机构和 / 或检查组发出变更通知，检测机构、检查组按变更通知的要求，出具变更后的型式试验报告和 / 或工厂检查报告。认证申请变更发生的时间，不计入认证时限。

2. 获证后的变更

（1）认证委托人和生产者名称变更、地址变更，工厂名称变更、地址名称变更：认证机构实施文件审核，批准后换发证书。

（2）工厂实际生产地址搬迁：按初始工厂检查要求，实施工厂检查，需要时对认证产品抽样检验。

（3）获证产品的名称、规格、型号变更，但产品本身无变化的：认证机构实施文件审核，必要时核实产品，批准后换发证书。由检测机构进行型式试验。

（4）获证产品与安全和电磁兼容有关的结构、关键件和原材料变更：认证机构安排检测机构对获证产品进行必要的型式试验项目检验。

（5）质量体系变更：根据具体情况由认证机构确定是否需要进行工厂检查。需要工厂检查的，由认证机构组织实施工厂检查。

（6）认证依据变更：按照认证主管部门、认证机构的要求变更证书。

（四）认证证书的暂停、恢复、撤销、注销和继续保持

1. 认证证书的暂停

（1）认证证书暂停的条件

①认证委托人（持证人）/ 相关方（包括生产者、销售者、进口商、生产厂）违反国家法律法规、国家级或省级监督抽查结果证明产品存在不合格，但不需要立即撤销认证证书的。

②认证产品适用的认证依据或者认证实施规则换版或变更，认证委托人

在规定期限内未按要求履行变更程序，或产品未符合变更要求的。

③监督检查结果证明认证委托人（持证人）违反 CCC/CQC 认证实施规则的规定（包括产品抽样检测不合格、工厂监督检查不合格、产品一致性存在问题等）或认证机构相关要求的。

④认证委托人（持证人）/相关方未按规定使用认证证书和认证标志的。

⑤认证委托人（持证人）/相关方无正当理由不接受或不能在规定的期限内接受国家有关部门或认证机构未事先通知的监督检查或监督抽样检测的。

⑥认证委托人（持证人）/相关方不配合国家有关部门或认证机构依据 CCC/CQC 认证实施规则在市场或销售场所抽取样品进行检测的。

⑦认证证书的信息（如申请人／生产者／生产厂的名称或地址，获证产品型号或规格等）发生变更或有证据表明生产厂的组织结构、质量保证体系发生重大变化，认证委托人（持证人）未向认证机构申请变更批准或备案的。

⑧由于生产的季节性、按订单生产等原因，认证委托人（持证人）申请暂停认证证书的。

⑨其他需要暂停证书的情况。

（2）暂停的结果

①暂停持证人全部证书。

②暂停生产厂全部证书。

③暂停违规事实所涉及的全部证书。

④暂停所申请的证书。

（3）暂停期间有关事项

①证书暂停期间，认证委托人必须按规定向认证机构交纳年金。

②认证证书暂停期间应视为无效，暂停期间内不得出厂、进口认证证书覆盖的产品，对于已经出厂、进口的认证证书覆盖产品，认证委托人应根据要求向认证机构和地方执法机构报批。

（4）暂停期限

①认证委托人因生产的季节性、按订单生产等可接受的原因申请暂停，

且申请日期在年度监督检查期限之前一个月的，暂停期限为 12 个月。

②因未交纳认证费用被暂停证书的，其暂停期限为 12 个月。

③因认证委托人、生产者、工厂名称、地址名称变更，工厂地址搬迁等被暂停证书的，其暂停期限为 12 个月。

④除上述情况外，其余暂停证书期限为 3 个月。

（5）可能会造成证书暂停的各种异常情况

①国家市场监督抽查（简称国抽）、地方（省 / 地区 / 市）市场监督抽查（简称省抽、地抽、市抽）不合格。

②工厂检查不通过。

③监督检测产品不合格。

④未交纳认证相关费用。

⑤未在规定的监督期限内接受监督检查或检测。

⑥工厂的机构、地址等有明显变化。

⑦认证产品有变化。

⑧滥用证书或标志。

2. 认证证书的恢复

（1）恢复申请：被暂停的认证证书，符合要求后可恢复证书。

（2）恢复申请未被受理的原因

①超过暂停期限提交恢复申请。

②恢复申请表未盖持证人公章。

③恢复申请及所附资料份数不足。

④恢复申请及所附资料内容不符合要求或有错误。

⑤未有足够资料证实造成停证的原因已被消除。

（3）恢复申请所附资料一般要求

①暂停通知书复印件 1 份。

②暂停原因为国抽或地抽（省级以下部门）不合格的应提供以下整改资料各 1 份：国抽、省抽、地抽不合格报告复印件 1 份，抽样不合格通知书复

印件 1 份，国抽、省抽、地抽再次抽样合格报告复印件 1 份。国抽、省抽、地抽不合格批次产品的整改意见。

③暂停原因为监督抽样检测不合格的应提供以下整改资料各 1 份：抽样不合格报告复印件 1 份，针对抽样不合格条款的纠正措施相关资料，抽样不合格批次产品的整改意见。

④暂停原因为工厂检查不通过或整改超期的，应提供以下整改资料各 1 份：不符合报告、纠正措施相关资料复印件 1 份，不符合报告、纠正措施相关资料请一一对应。

⑤停证原因为工厂不能在规定的时间内接受产品抽样或将受检样品送达检测机构的，可不提供其他资料。但应确保抽样时具有足够的抽样基数。

⑥暂停原因为逾期未交纳认证费用的；提供付款单位交纳认证费用的单据复印件 1 份。

⑦暂停原因为生产厂拒绝对 OEM/ODM 证书进行监督的；提供有效的 ODM/OEM 协议复印件 1 份。

⑧暂停原因为滥用认证证书和认证标志；提供针对未按规定使用认证证书和认证标志的纠正措施相关资料。

⑨持证人自行提出暂停证书；无须提供其他资料。

（4）证书恢复的实施方式：一般证书恢复的主要实施方式有以下几种。

①全项目工厂检查。

②全项目或部分项目的抽样测试。

③产品一致性检查（包括目证试验）。

④交纳认证费用。

⑤以上各种实施方式的组合。

（5）恢复期限：认证委托人应在暂停期限内提交恢复申请，并得到认证机构的受理，否则视为恢复申请超期，恢复申请时应注意以下问题。

①证书恢复的最长期限通常不超过从暂停截止期开始起 3 个月，也可以理解为从证书到证书恢复一般最长期限为 6 个月或 1 年零 3 个月。

②如不能在规定期限内使证书变成正常状态，证书将予以撤销，撤销的证书是不能再恢复正常使用的。

3. 认证证书的撤销

（1）证书被撤销的情况：一般出现下列情况之一时，可能会被撤销证书。

①在认证证书暂停期限届满，认证委托人（持证人）未提出认证证书恢复申请、未采取整改措施或者整改后仍不合格的。

②获证产品的关键元器件、规格和型号，以及涉及整机安全或者电磁兼容的设计、结构、工艺及重要材料/原材料生产企业等发生变更，导致产品存在严重安全隐患的。

③认证机构的跟踪检查结果证明工厂质量保证能力存在严重缺陷的。

④认证委托人（持证人）提供虚假样品，获证产品与型式试验样品不一致的。

⑤认证委托人（持证人）/相关方违反国家法律法规、国家级或省级监督抽查结果证明产品出现严重缺陷、产品安全检测项目不合格或一致性存在严重问题的。

⑥获证产品出现缺陷而导致质量安全事故的；视相关信息情况撤销相关证书。

⑦对由于拒绝接受监督检查和检测被暂停认证证书后，仍拒绝接受监督检查或监督抽样检测，或仍不配合在市场或销售场所抽取样品进行检测的。

⑧认证委托人（持证人）/相关方未按规定使用认证证书、认证标志，出租、出借或者转让认证证书、认证标志，情节严重的；如采用弄虚作假、欺骗、贿赂等手段获取认证证书或证书有效性的。

⑨认证委托人（持证人）/相关方存在直接影响认证结果有效性的严重违法违规行为的。

⑩其他应撤销认证证书的情形（如违反认证实施规则中的特殊要求等）。

（2）认证证书撤销后，证书所涉及产品的处理。

①自认证证书撤销之日起，不得出厂、销售、进口或者在其他经营活动

中使用认证证书覆盖的产品。

②认证证书被撤销后，不能以任何理由恢复。经过整改后，认证委托人可以在证书撤销 6 个月后向认证机构重新申请认证。对被撤销认证证书的产品，相应产品型式试验报告和工厂检查报告不再有效。

4. 认证证书的注销

（1）证书注销的情形：出现下列情况之一时，证书可能会被注销。

①认证证书有效期届满，认证委托人未申请延期使用的。

②认证委托人（持证人）/ 生产厂由于企业破产、倒闭、解散、生产结构调整等原因致使获证产品不再生产，认证委托人主动放弃保持认证证书的。

③获证产品型号已列入国家明令淘汰或者禁止生产的产品目录的。

④认证委托人（持证人）申请注销的。

⑤其他应当注销认证证书的情形。

（2）认证证书注销时需办理的手续。

①认证委托人向工厂生产地址所在地的分中心提交书面注销申请，申请应列明证书编号并加盖公章。

②提交注销申请时应同时交回证书原件。

③未按要求交纳证书年金的，不受理注销申请。

④证书因质量问题被暂停的，不受理注销申请。

（3）认证证书注销后，证书所涉及产品的处理：认证证书注销后，证书所涉及产品自认证证书注销之日起，不得继续出厂、进口认证证书覆盖的产品，已经出厂、进口的认证证书覆盖的产品可以继续销售或者在其他经营活动中使用。认证证书被注销后，不能以任何理由予以恢复，认证委托人可以向认证机构重新申请认证。被注销认证证书对应产品的型式试验报告和工厂检查报告不再有效。

5. 证书的保持（继续保持）

认证委托人获得证书后，在不发生上述暂停、注销、撤销等情况时，只要按照实施规则 / 细则的要求持续接受认证机构年度监督工厂检查及监督抽样，且检查、检测结果合格的，认证证书将持续保持有效，在年度监督评定合格后，认证机构将派发保持通知书。

注：认证机构和获证企业应遵守国家认监委 2008 年第 19 号公告《关于国家认监委发布〈强制性产品认证证书注销、暂停、撤销实施规则〉的公告》。

第二节　安防产品工厂检查的策划和实施

一、工厂检查方案的策划

（一）安防产品 CCC 认证常见工厂检查的类别

1. 初始工厂检查分类

（1）初次工厂检查，指第一次获得证书时进行的工厂检查。

（2）扩类工厂检查，指扩大工厂专业类别的工厂检查，此处的类别指《目录》中界定的产品大类，如 C19 安全防范产品、C11 机动车及安全附件产品等。

（3）不同生产委托方式的工厂检查，如 ODM、OEM 等。

2. 获证后监督检查的分类

（1）常规监督检查。

（2）非常规监督检查（特殊监督检查）：指除常规检查之外增加频次的工厂检查，大多针对工厂质量信息，一般以处置认证证书为目的，不定期，通常预先不通知。

（3）证书恢复工厂检查：证书暂停后为使证书恢复有效而进行的工厂检查。

（4）认证变更工厂检查，如企业搬迁工厂检查、标准换版工厂检查等。

（二）工厂检查活动的准则

在认监委发布的《强制性产品认证实施规则　工厂检查通用要求》（CNCA-00C-006）中对 CCC 工厂检查活动的准则进行了明确的规定，这是每个强制性产品认证机构和从业人员从事工厂检查活动的原则和基础，是认证机构建立和取得社会信任的根本途径。在 CCC 工厂检查实践中可具体从以下方面掌握。

（1）客观性，指检查证据应基于数据、事实，或来源于责任者申明。

（2）公正性，在工厂检查方案、策划和检查活动应对公正性风险有效识别，明确责任主体，注重公正性承诺，需制定消除公正性风险的措施，如随机抽取具有代表性的检查样本，是有效降低检查双方成本和风险的有效措施；如工厂检查结论的判定，切忌教条主义，应基于风险评估、体现公正、降低风险。

（3）公开性，从检查流程、检查依据、判定准则、检查双方权利义务、检查输出进行识别，告知工厂公开信息获取的途径、方式、对象范围、载体等。

（4）保密性，检查员均签署保密承诺，并在工厂检查活动中（如首次会议）告知工厂保密义务，整个检查活动规范执行保密行为。

（三）认证机构、检查组和工厂在工厂检查活动中的职责

1. 认证机构的职责

（1）认证机构对工厂检查活动的最终结果负责。

（2）制定工厂检查方案。

（3）落实工厂检查任务。

（4）组成与专业能力匹配的检查组。

（5）提供检查资源保障。

（6）提供指南性文件。

2. 检查组的职责

（1）一般由检查组长和检查员组成。

（2）检查组成员应具备专业能力和检查能力。

专业能力指熟悉被检查产品的设计、结构、生产工艺及质量控制点；

检查能力指熟练运用检查技术和技巧、语言和计算机等工具。

（3）检查组成员应具有工厂检查员注册资格，至少有一人具备相应专业类别。

（4）出于公正性考虑，一般至少由 2 人组成。

（5）检查组长的职责

①代表检查中与认证机构和被检查方沟通。

②全面负责检查工作，分配检查任务，协调与检查有关的工作，对检查工作质量负责。

③承担工厂检查任务。

④领导检查组得出检查结论。

⑤编制并完成工厂检查报告及不符合报告。

（6）组员的职责

①按分工独立或在指导下承担工厂检查任务。

②为检查报告提供真实、准确的证据。

③支持并配合组长的工作。

3. 工厂的职责

（1）工厂是保证获证产品符合产品认证实施规则的第一责任者。

（2）工厂应按照产品认证实施规则和工厂质量保证能力要求生产与经认证机构确认合格样品一致的认证产品。

（3）工厂应及时了解认证机构在网上公开文件中的信息及要求。

（4）工厂应建立并保持文件化的程序或规定，内容应与工厂质量管理和产品质量控制相适应。

（5）工厂应配合完成认证机构做出的工厂检查活动安排。对于初始工厂检查，工厂应该按与认证机构约定的计划时间进行工厂检查；对于监督检查，工厂应在规定的期限内接受认证机构的监督检查，同时认证机构可以按国际惯例在事先不通知的情况下进行工厂监督检查（如飞行检查、特别监督检查），工厂应给予配合。否则，认证机构有权暂停认证证书。

（6）工厂应允许检查员进入产品认证所涉及的所有区域进行抽样或检查，

调阅有关记录和访问相关人员（如有特别需保密的区域，应向认证机构申报）。

（7）工厂应该配合检查组进行产品的一致性检查，检查过程中若涉及对整机的拆解，工厂应安排人员执行。

（8）工厂检查时，若获证产品发生变更或有不一致情况时，工厂应主动向检查组说明。

（9）当产品需要抽样时，工厂应该配合检查组在现场进行封样，并按规定的时间将样品送到指定的检测机构。

（10）工厂应为检查员提供必要的工作方便。

（11）工厂应与持证人沟通，及时交付工厂检查费、年金和产品检测费等。

（12）工厂不得放行以下产品

①不合格品。

②获证后发生变更，但未经认证机构确认的产品。

③超过认证有效期的产品。

④已暂停、注销、撤销的证书所列的产品。

⑤工厂检查结论判为现场验证或不通过时，检查员在现场要求工厂封存的认证产品。

（13）工厂应及时将联系方式的变更通报认证机构。

（四）检查计划的安排

工厂检查计划至少应包括以下内容。

（1）审核目的。

（2）审核范围（包括产品范围和场所范围）。

（3）审核准则（依据）。

（4）审核组成员及其分工。

（5）审核日程安排。

（6）审核地点。

（7）一致性检查（包括产品单元及抽样量）。

（8）安排必要的沟通和会议时间。

二、工厂检查实施过程中的常见问题

（一）检查前的准备工作

1. 初始工厂检查的准备工作

（1）在获得检查任务后与企业沟通，是否具备检查条件，如关键设备是否配备齐全，检查当天是否可以安排生产，负责检查的重要部门及人员是否可以到场（质量负责人、采购、生产、质量、检验等）。

（2）熟悉检查任务相关资料，如实施方案、产品描述、型式试验报告等。

（3）工厂检查计划一般至少提前 2 天发至企业。

（4）所有沟通内容最好采用邮件的形式，存留证据，并采用电话、微信等手段确认邮件内容。

2. 监督工厂检查的准备工作

（1）在获得检查任务后与企业沟通，是否搬迁，上一检查年度是否发生重大变更，检查当天是否可以安排生产（至少有类似产品生产），负责检查的重要部门及人员是否可以到场（质量负责人、采购、生产、质量、检验等）。

（2）熟悉检查任务相关资料，如上次工厂检查档案、上次不符合项及整改、产品描述或型式试验报告的有效版本等。

（3）工厂检查计划至少提前 2 天发至企业，若为不预先通知的检查，一般当日签发。

（4）所有沟通内容最好采用邮件的形式，存留证据，并采用电话、微信等手段确认邮件内容。

（二）工厂检查中常用的检查技巧

1. 首次会议

（1）首次会议一般由检查组长主持。

（2）各受审核部门领导及授权代表参加。

（3）一般在首次会议中，检查组长应介绍和说明本次检查的目的、范围、检查准则、检查方法、安排陪同（必要时）、日程安排和其他需要澄清（如保密承诺等）的事项等，若存在如认证法律法规、实施规则／细则换版、依据标准换版、认证机构重大事项（需向企业说明的）等，都应在首次会中沟通。

2. 检查记录

（1）必须填写检查员姓名、检查日期、对应的工厂检查报告编号。

（2）检查记录填写应能反映受检查部门的特点，抽样应具有代表性，抽样应有一定的样本，检查记录应如实描述：事件的时间、地点；文件／记录的名称、文件／记录的编号、日期等，涉及检验文件／记录时，还应记录主要检验项目、验收准则、抽样方式等，以及现场使用的设备、仪器、操作情况、人员资格、记录等；记录字迹尽量清楚，合格与不合格均应记录，并做出结论。

（3）记录填写内容应具有可追溯性，可重查性，能追溯检查员在现场实际的检查情况。

（4）工厂检查时需要复印原始记录时，检查员应对复印页编号、签字并在工厂检查记录表中引出该复印的原始记录。通常，工厂检查记录与工厂检查报告不可以相互引用。

3. 现场检查方法

（1）收集证据的方法一般可采用询问、查阅、观察、测试等手段。

（2）收集证据进行提问与交流时，一般应注意：

①少讲多问多听。

②选择提问对象应向负责该活动的部门或个人提出。

③有针对性地提问，直接准确，不旁敲侧击。

④问看结合。

⑤集中注意力听。

（3）检查中常用的提问和交流方式优劣势对照：

①封闭式：可用简单的"是"或"否"回答，用以获取专门的信息，有主动权，但信息量小。

②开放式：答案需要解释或表达，可获得较大的信息量，但方式被动，有时会浪费时间。

③澄清式：用以获得更多的专门信息或确认已获得的信息，带有主观导向，不推荐经常用。

4. 检查过程的控制

（1）检查组长负责控制审核的全过程。

（2）检查人员应随机抽取有代表性的样本。

（3）依靠检查表，尽可能不要偏离计划范围。

（4）当发现有价值的线索时，可适度扩大抽样量，但要注意不可有盲目性。

（5）与受审核部门负责人或陪同人员共同确认不符合事实。

5. 工厂检查中的一些注意事项

（1）检查组应按工厂的作息时间检查，境内工厂检查时间通常为每天 8 小时，境外工厂检查按当地的工作时间规定检查。

（2）对于两名（含）以上成员的检查组，现场检查应分组进行，如检查不同的条款，或检查相同条款的不同内容；检查组成员间应密切沟通、联系，以确保不重复检查相同或相似的条款、内容。

（3）当工厂同意时，检查组可对检查对象拍照、复印相关资料以作为检查发现的支持性证据；不宜大量拍照、复印与检查发现无关的证据。

6. 工厂检查中几种典型情况的处置

（1）一致性检查时发现关键件生产企业名称变化。经核查，关键件的产品名称、规格型号等参数未发生变化，只是其生产者或者生产者名称变化，检查组开具一般不符合项，提请工厂进行认证变更。

（2）同类或类似产品在生产的要求。原则上，跟踪检查时应有获证产品在生产；如果没有，则至少应有同类或类似产品在生产。此时的同类或类似产品与获证产品应至少在生产制造工艺和质量控制等方面相同，以保证工厂质量保证能力核查中对生产过程控制条款检查时，同类或类似产品和获证产品是可以视同的。

（3）在任务完成前已经能够将工厂检查结论判定为不通过或现场验证的处置。对于在任务完成前已经能够将工厂检查结论判定为不通过或现场验证的（如因关键资源不满足要求而难以保证产品一致性等），原则上，检查组应与工厂充分沟通。若工厂希望中断任务，则检查组对业已完成的检查条款、内容进行判定和记录，并在工厂检查报告的附加说明页中对未完成的任务和工厂的意见进行说明。若工厂希望继续完成任务，则可继续进行检查、抽样，并在工厂检查报告的附加说明页中对工厂的意见进行说明。

7. 末次会议

（1）末次会议的目的：向各受审核部门及认证企业领导通报工厂检查的结果。

（2）末次会议主持：由检查组长主持会议。

（3）除宣布不符合项外，可就未出具不符合项的审核建议在末次会议中提出，以帮助企业改进和提高。

（三）工厂检查不符合项和不符合报告

1. 不符合项的确定

按照《质量管理体系 基础和术语》（GB/T 19000）将"不符合"定义为：未满足要求。此处"要求"可来自有关的法律法规、标准、实施规则 / 细则、质量手册、程序、作业指导书、认证机构相关规定等工厂检查依据文件。

不满足要求的客观事实称为"不符合项"。

2. 开具不符合项报告时需注意的几个方面

（1）不是所有不符合事实都用不符合项报告的方式提出。

（2）同类不符合事实可选取有代表性的事例开具不符合项报告。

（3）证据不足，依据不充分的不要开具不符合项报告，可用其他方式提请受审核部门关注。

3. 不符合报告内容

（1）受审核部门。

（2）陪审 / 陪同人员姓名。

（3）不符合事实描述。

（4）不符合的判定依据。

（5）纠正措施内容及完成日期。

（6）纠正措施实施情况及验证结果。

4. 编写不符合报告时的注意事项

（1）不符合报告内容应具有追溯性、再现性或重现性，不符合发生的地点、时间、事物、人员、文件或记录编号、图号、过程、设备名称等都应描述清楚。

（2）不符合项判定依据应与不符合事实有直接关联，应具体到质保能力的最小条款。判定依据准确与否，直接影响到受审核部门采取的纠正措施是否有效，以及采取纠正措施所需的投入是否能达到预期的效果。

（3）不符合事实的描述应力求简练、清楚、准确、全面。应避免使用类似"似乎""好像""总体说来"等含糊的词语描述，不能用形容、夸张的语言描述，不能任意扩大不符合的事实范围，不能以自己的想法作为不符合判断的依据。

5. 不符合项整改和验证

（1）整改措施中必须包含不符合原因分析、纠正、纠正措施，建议包含预防措施。

（2）对于现场检查结论为"书面验证通过"或"现场验证通过"的，检查组宜在整改时限内主动联系工厂；对于整改超期或无效的，将现场检查结论改判为"工厂检查不通过"；检查组对不符合验证资料的正确性、有效性审核并负责。

第三节 《强制性产品认证实施规则　工厂质量保证能力》的解读及检查要点

2013 年 10 月，第四届 CNCA-TC 成立，为了统一不同认证机构间工厂检查的要求、尺度，2014 年 1 月 2 日，认监委对外发布了《强制性产品认证实施规则　工厂质量保证能力要求》（CNCA-00C-005）和《强制性产品认证实施规则　工厂检查通用要求》（CNCA-00C-006），本部分针对这两个文件的具体要求，结合安防类产品的产品特点和行业实际展开论述。

"质量保证能力要求"的主要内容与国际上通行的产品认证的相关规则要求基本一致，是符合国际惯例的。工厂质量保证能力是认证机构实施工厂检查的依据之一，同时也是规范指导工厂确保产品持续符合 CCC 要求，此处的工厂概念包含认证委托人、生产者、生产企业 3 个概念，不仅仅指生产企业。

工厂是产品质量的责任主体，其质量保证能力应持续符合认证要求，生产的产品应符合标准要求，并保证认证产品与型式试验样品一致。工厂应接受并配合认证机构依据《强制性产品认证实施规则　工厂质量保证能力要求》（CNCA-00C-005）、《强制性产品认证实施规则　工厂检查通用要求》（CNCA-00C-006）及相关产品认证实施规则/细则所实施的各类工厂现场检查、市场检查及抽样检测。

一、安防产品质量保证能力要求的构成

（一）通用质量保证能力

以《强制性产品认证实施规则　工厂质量保证能力要求》（CNCA-00C-005）规定的通用质量保证能力（简称通用条款）的组成为例。

（1）职责和资源。

（2）文件和记录。

（3）采购与关键件控制。

（4）生产过程控制。

（5）例行检验和 / 或确认检验。

（6）检验试验仪器设备。

（7）不合格品的控制。

（8）内部质量审核。

（9）认证产品的变更及一致性控制。

（10）产品防护与交付。

（11）CCC 证书和标志。

（二）安防产品质量保证能力的组成

以公安部第三研究所 2019 年 9 月 1 日发布的《强制性产品认证实施细则防盗报警产品》（TRIMPS-C1901-01：2019）为例，安防产品质量保证能力包括以下内容。

（1）职责和资源。

（2）文件和记录。

（3）产品设计及标准符合性控制。

（4）生产过程控制。

（5）采购与关键件控制。

（6）例行检验和确认检验。

（7）检验试验仪器设备。

（8）内部质量审核。

（9）批量生产产品的一致性。

（10）不合格品的控制。

（11）CCC 证书和标志。

（12）获证产品的变更控制。

（三）安防产品质量保证能力和通用质量保证能力的区别

以公安部第三研究所 2019 年 9 月 1 日发布的《强制性产品认证实施细则

防盗报警产品》（TRIMPS-C1901-01：2019）为例，安防产品质量保证能力，按照产品特点突出了产品设计和标准符合性要求，在设计要求中包含了具有产品特色的软件控制要求，产品防护和交付的要求放在了生产过程控制的条款中，不包含关键件定期确认检验的要求，把产品一致性要求纳入了质保能力条款中，按照产品细化了例行检验和确认检验要求，并把对例行检验的检验仪器设备的要求从检验仪器设备条款中分离出来，强调了其重要性；在内审条款中，内审输入增加了新内容；检验仪器设备的要求不包含运行检查要求，具体解析后面会详细论述。

（四）安防产品质量保证能力的结构分析

以公安部第三研究所 2019 年 9 月 1 日发布的《强制性产品认证实施细则防盗报警产品》（TRIMPS-C1901-01：2019）为例，安防产品质量保证能力要求十二条的内容可以归纳为：基础性和总体要求、产品实现要求、分析改进要求三大部分。

1. 基础性和总体要求

（1）资源和组织结构的总要求：职责和资源（条款 1）。

（2）文件和记录的控制及要求：文件和记录（条款 2）。

（3）仪器设备的要求：检验试验仪器设备（条款 7）。

（4）产品一致性控制的总要求：批量生产产品的一致性（条款 9）。

（5）证书、标志的管理和使用要求：CCC 证书和标志（条款 11）。

2. 产品实现要求

（1）设计要求：产品设计及标准符合性控制（条款 3）。

（2）采购要求：采购和关键件的控制（条款 5）。

（3）生产要求：生产过程控制（条款 4.1 ~ 4.4）。

（4）检验要求：例行检验和确认检验（条款 6）。

（5）防护和交付要求：生产过程控制（条款 4.5）。

（6）不合格品控制要求：不合格品的控制（条款 10）。

（7）产品变更要求：获证产品的变更控制（条款 12）。

3. 分析改进要求

（1）认证产品出现重大质量问题的通报、分析、改进要求（条款 10.2）。

（2）内部质量审核（条款 8）。

二、安防产品质量保证能力条款解析

以公安部第三研究所 2019 年 9 月 1 日发布的《强制性产品认证实施细则 防盗报警产品》（TRIMPS-C1901-01：2019）为例。

（一）职责和资源

1. 条款内容

1.1 职责

工厂应规定与认证要求有关的各类人员职责、权限及相互关系，并在本组织管理层中指定质量负责人，无论该成员在其他方面的职责如何，应使其具有以下方面的职责和权限：

（a）确保本文件的要求在工厂得到有效的建立、实施和保持；

（b）确保产品一致性及产品与标准的符合性；

（c）正确使用 CCC 证书和标志，确保加施 CCC 标志产品的证书状态持续有效。

质量负责人应具有充分的能力胜任本职工作，质量负责人可同时担任认证技术负责人。

1.2 资源

工厂应配备必需的生产设备、检验试验仪器设备以满足稳定生产符合认证依据标准要求产品的需要；应配备相应的人力资源，确保从事对产品认证质量有影响的工作人员具备必要的能力；应建立并保持适宜的产品生产、检验试验、储存等必备的环境和设施。

对于需以租赁方式使用的外部资源，工厂应确保外部资源的持续可获得性和正确使用；工厂应保存与外部资源相关的记录，如合同协议、使用记录等。

2. 条款解析

（1）与认证要求有关的各类人员

①一般包括质量负责人、设计、工艺人员、采购人员、检验/试验、校准/检定人员、质量管理人员、内审员、生产现场操作人员、与产品防护相关的人员、CCC 证书和标志管理及使用人员等。

②体系建立要求：职责、权限和相互关系应明确并形成文件，可以集中描述，也可以在相关文件中体现。

（2）质量负责人

①须为本组织人员，包括认证委托人、生产者、生产企业。

②可以是一个人或一组人，履行的职责应覆盖规定要求。

③建议由最高管理层人员或至少是能直接同最高管理者沟通的人员担当。

④应被赋予并有效履行规定的职责和权限。

⑤可指定代理人，质量负责人不在时履行相应的职责和权限。

⑥质量负责人和代理人的指定、职责和权限的规定应形成文件。

⑦对质量负责人能力的评价可以从以下方面着手：教育、培训、经验、经历，对有关认证法律法规、程序、规则/细则的熟悉程度。

⑧工厂质量保证能力的符合性、适宜性、有效性，以及申证/获证产品的符合性和一致性是考量质量负责人称职与否的标志。

⑨质量负责人职责和权限：

a. 确保工厂质量保证能力的建立、实施和保持。

b. 确保产品一致性产品与标准的符合性。

c. 正确使用 CCC 证书和标志的，确保加施 CCC 标志产品的证书状态持续有效。

⑩质量负责人需认知、跟踪、理解的认证要求：

a. 认证实施规则/细则、认证标准、认证产品一致性要求的主要内容。

b. 强制性产品认证标志管理规定。

c. 证书注销、暂停、撤销实施规则。

d. ODM 相关要求。

e. 企业分类 / 认证模式，利用企业资源 / 利用其他认证结果（CNCA–00C–004）。

f. 通用质保能力要求 / 工厂检查通用要求。

g. 强制性产品认证管理规定。

h.《中华人民共和国标准化法》（关于标准换版的要求）。

i. 及时跟踪 CCC 认证要求、结果并适当处置，如标准换版、证书状态、国地抽结果、来自外部的产品质量信息等。

（3）资源

①安防认证要求配备的资源主要包括生产设备、检验试验仪器设备、人力资源、环境和设施。

②资源的配备应符合实施规则 / 细则的要求，应符合认证产品工艺要求、检验项目得要求，一般应建立设备仪器清单。

③生产和检验试验设备的性能、精度、运行状况应能满足生产和检验要求，配备的数量应能满足正常批量生产的需要。

④人力资源，指从事对产品认证质量有影响的人员，对这些人员的考量，一般应该：

a. 能力可以胜任。

b. 数量能保证持续稳定生产符合要求产品。

c. 对人力资源的能力评价，一般基于工作技能，并适当结合教育、培训、经验和经历。

⑤环境和设施：

a. 环境指为保证认证产品符合要求所需的工作环境。

b. 设施指为保证认证产品符合要求所需的建筑物、工作场所、相关设施及支持性服务。

c. 工厂应识别产品实现各过程对环境和设施的要求，确保环境和设施持续满足要求。

⑥采用租赁方式使用的外部资源：

a. 应确保资源的可持续获得性和资源的正确使用。

b. 短租或临时借用的外部资源不算在此范畴中。

c. 保存能够证明外部资源可持续获得性，以及外部资源的管理、维护、使用符合要求的必要记录，如租赁合同、设备维护保养记录等。

（二）文件和记录

1. 条款内容

2.1　工厂应建立并保持文件化的程序，确保对本文件要求的文件、必要的外来文件和记录进行有效控制。

2.2　工厂应确保文件的充分性、适宜性及使用文件的有效版本。

2.3　工厂应确保记录的清晰、完整、可追溯，以作为产品符合规定要求的证据。与质量相关的记录保存期应满足法律法规的要求，确保在本次检查中能够获得前次检查后的记录，且至少不低于24个月。

2.4　工厂应识别并保存与产品认证相关的重要文件和质量信息，如型式试验报告、工厂检查结果、CCC证书状态信息（有效、暂停、撤销、注销等）、认证变更批准信息、监督抽样检测报告、产品质量投诉及处理结果等。

2. 条款解析

（1）本条款要求建立的文件：文件和记录控制程序；需控制的文件和记录包括质量保证能力要求规定的，实施规则/细则和认证机构要求的，工厂认为需要的、必要的外来文件和记录。

（2）通常的文件类型包括质量手册、程序文件、设计文件、工艺文件、检验文件、作业指导书、操作规程、外来文件（如标准、实施规则/细则、客户图纸）及其他。

（3）文件可以是纸质的、磁性/电子/光学的存储盘片、照片或标准样品，或它们的组合。

（4）工厂质量保证能力要求规定工厂通常应建立并保持的文件：

①与认证要求有关人员的职责、权限及相互关系。

②文件和记录的控制程序。

③与产品设计有关的文件，如设计标准或规范、产品图纸、样板、关键件清单等。

④与过程控制有关的文件，如工艺文件、作业指导书等。

⑤采购文件。

⑥合格生产者 / 生产企业名录。

⑦关键件的进货（入厂）检验 / 验证程序。

⑧生产设备的维护保养制度。

⑨例行检验、确认检验程序。

⑩检验试验仪器设备内部校准规定。

⑪内部质量审核程序。

⑫认证产品的变更控制程序。

（5）工厂质量保证能力要求工厂应形成文件，但文件的名称、数量、相关要求在一份还是多份文件中体现，没有统一规定。可能影响产品一致性或没有文件规定就不能有效保证产品一致性的主要内容，工厂应有必要的设计文件、工艺文件或作业指导书。其中，设计文件指图纸、关键件清单、样板等文件。若工艺文件或作业指导书已能够确保产品一致性，也可以没有设计文件。

（6）文件控制方式

①为确保文件的充分性和适宜性，文件发布前和更改，应由授权人批准。

②为防止作废文件的非预期使用，文件的版本和修订状态应得到识别。

（7）质量记录的作用

①对外作为满足法律法规和 CCC 要求的证据。

②对内作为产品、工艺和质量保证能力符合要求及有效运行的证据。

③为纠正措施和预防措施提供信息。

（8）质量记录的要求：字迹清晰、内容完整、具有可追溯性。

（9）文件与记录的关系，记录是一种特殊的文件，记录表格应按条款 3.2.1 的要求进行，作为证据的记录应按条款 3.2.2 的要求控制。

（10）《强制性产品认证实施规则　工厂质量保证能力要求》规定工厂通常应保存的质量记录：

①与 CCC 标志使用相关的记录与信息。

②供应商选择评价记录。

③关键件的采购、使用记录。

④关键件进货（入厂）检验 / 验证记录。

⑤过程检验记录。

⑥设备维护保养记录。

⑦例行检验、确认检验记录。

⑧仪器设备的校准、检定记录。

⑨由外部机构实施检验、校准、检定时，外部检验、校准、检定机构具备相关能力的证明材料。

⑩来自外部的认证产品不合格信息及原因分析、处置、纠正措施等记录。

⑪内部质量审核记录。

⑫认证产品变更批准记录。

⑬CCC 标志使用记录。

（11）关于记录的特殊要求：工厂应识别并保存与产品认证相关的重要文件和质量信息，如型式试验报告、工厂检查结果、CCC 证书状态信息（有效、暂停、撤销、注销等）、认证变更批准信息、监督抽样检测报告、产品质量投诉及处理结果等。

（12）质量记录得管理要求：

①应有明确的保存期限。

②规定质量记录保存期限时应考虑：法律法规要求、认证要求、认证产品特点、追溯期限等。

③认证对记录保存期限的要求：记录的保存期限不小于两次工厂检查的时间间隔，至少不低于 24 个月。

④认证相关质量记录作为产品实现过程一致性控制的依据，在证书有效期内，应长期保存。

（三）产品设计及标准符合性控制

1.条款内容

3.1　工厂应制定并保持设计控制的文件化程序，以确保新研发的认证产品或获证产品变更的设计策划、输入、输出、评审、验证过程完整并得到有效控制。

3.2　应规定具体认证产品型号的设计要求，包括：

①产品设计标准应符合认证实施规则中规定的标准要求，产品技术指标和功能不低于认证检测项目所对应标准条款的要求。

②产品设计结果应包括产品主要技术参数、主要功能、产品结构描述、物料清单（应包含所使用的关键元器件的型号、主要参数及供应商）等技术文件。

③获证产品的变更应形成相应的设计文件。

④新产品设计或获证产品变更都应具有设计验证检验报告。

3.3　工厂应制定并保持认证产品所用软件的控制程序，这些控制应确保：

①软件源程序的保密性。

②软件的发布、更改和版本升级应由授权人批准，以防止非正式软件的非预期使用、销售。

③软件使用客户的有效管理。

工厂应保存执行上述程序的相应记录，记录应清晰完整。

2.条款解析

（1）设计文件是能反映产品全貌的技术文件，这些文件的主要作用如下：

①用来组织和指导企业内部的产品生产。生产部门的工程技术人员利用设计文件给出的产品信息，编制指导生产的工艺文件，如工艺流程、材料定额、

工时定额、设计工装夹具、编制岗位作业指导书等文件，连同必要的设计文件一起指导生产部门的生产。

②政府主管部门和监督部门，根据设计文件提供的产品信息，对产品进行监督，确定其是否符合有关标准，是否对社会、环境和人类健康造成危害，同时也可对产品的性质、质量等做出公正评价。

③产品使用人员和维修人员根据设计文件提供的技术说明和使用说明，便于对产品进行安装、使用和维修，安装或维护时不至于设计人员或生产技术人员亲自到场。

④技术人员和单位利用设计文件提供的产品信息进行技术交流，相互学习，不断提高产品水平。

（2）常见的设计文件一般包括调研报告、可行性研究报告、可行性评审报告、设计说明书、设计任务书、设计评审报告、设计图纸、原材料明细及工艺文件、产品质量重要度分级表、合格证、说明书、设计鉴定报告、型式试验报告、产品标准、标准评审报告等。

（3）设计文件的有效控制方法和条款 2 中普通文件的控制方法相同。

（4）一般产品设计的流程如图 3-2 所示。

（5）在 CCC 工厂检查中关注，可能影响产品一致性或没有文件规定就不能有效保证产品一致性的主要内容，工厂应有必要的设计文件、工艺文件或作业指导书，假如工艺文件或作业指导书已能够确保产品一致性，也可以没有设计文件，仅基于 CCC 视点检查，不能苛求企业一定要有整套的设计文件。

（6）安防产品对产品设计的要求和其他产品 CCC 认证不同，普通产品的 CCC 设计要求一般在通用条款 2.1 和 4.1 设定，安防 CCC 将产品设计单独提炼，作为独立要素，要求企业应编制《产品设计开发控制程序》对新产品和变更设计进行规定，该程序可以是一个程序或几个程序，也可以是三层次作业文件，没有特定的要求。

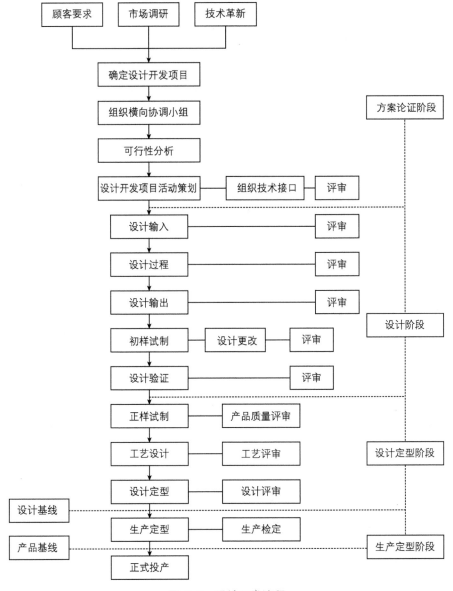

图 3-2　设计开发流程

（7）该条款提及的产品设计标准可包括但不限于：认证依据标准、国家标准、行业标准、企业标准、技术规范、产品设计任务书等；但 CCC 关注重点为设计依据标准不能低于认证依据标准的要求。

（8）为保证软件产品开发过程得到有效控制，安防 CCC 还要求制定《软件开发控制程序》，一般软件开发过程主要分为项目计划、需求分析、概要设计、详细设计、设计实现、内部测试和系统测试 7 个阶段。软件生命周期各阶段要求输出的文档可能有项目总体方案、可行性研究报告、项目计划、配置管理计划、系统开发规范、软件需求说明书、概要设计说明书、数据库设计说明书、详细设计说明书、系统指南、用户操作手册、用户培训教材、系统测试计划、交付测试计划、集成测试计划、构造测试计划、单元测试用例、集成测试用例、构造测试用例、系统测试用例、交付测试用例、单元测试报告、集成测试报告、构造测试报告、系统测试报告、交付测试报告等[1]。

（9）软件管理的 CCC 审核要点。对软件源程序的保密性、软件的发布、更改和版本升级、防止非正式软件的非预期使用、销售、使用客户的有效管理等，检查中应重点关注：

①软件源程序保密性的管理规定、防控措施及手段、管理中的相关记录。

②软件的发布、更改和版本升级，检查中关注发布时间、发布的证明文件、软件的更改、升级过程文件（如设计更改通知单、变更履历文件等）、各个版本的发布时间和证明文件或记录，最新有效版本的有效控制、作废版本的更替等证明文件。

③对使用客户的有效管理，重点关注保密性、版本升级的及时性、安装测试记录等。

（四）生产过程控制

1. 条款内容

4.1　工厂应对影响认证产品质量的工序（简称关键工序）进行识别，关键工序须包括电路板元器件贴片、波峰焊和 / 或再流焊、电路板检验、产品组装调试、例行检验等。关键工序的控制应确保认证产品与标准的符合性、

----

[1]　此处内容仅供本书使用者参考，并不是 CCC 审核内容的要求，特此说明。

产品一致性；如果关键工序没有文件规定就不能保证认证产品质量时，则应制定相应的作业指导书，使生产过程受控。关键工序操作人员应具备相应的能力。

4.2　产品生产过程如对环境条件有要求，工厂应保证工作环境满足规定要求。

4.3　必要时，工厂应对适宜的过程参数进行监视、测量，其中主电路板（PCBA）应采用适宜的专用测试工装进行 100% 检验。

4.4　工厂应建立并保持对生产设备的维护保养制度，以确保设备的能力持续满足生产要求。

4.5　工厂在采购、生产制造、检验等环节所进行的产品防护，如标识、搬运、包装、贮存、保护等应符合规定要求。产品包装中应附有能指导用户正确使用产品的说明书和保证产品使用的必要配件。

2. 条款解析

（1）工序识别途径一般有：编制工艺流程图、工艺文件、作业指导书等。安防产品关键工序元器件贴片、波峰焊和 / 或再流焊、电路板检验等的控制可参看本书第二章第三节的内容。在 CCC 检查中工序控制是否符合规定要求的审核重点及评价标准能否使最终产品符合标准要求和产品一致性要求。

（2）条款 4.1 中对操作者能力评价，一般基于实际操作能力，适当的教育、培训、经验和经历。有法律法规有要求的，应持证上岗（如焊工证、特殊工种证书等）。

（3）工艺文件或工序作业指导书是指导操作者进行生产、加工和对工序实施监控的文件。

工艺文件或工序作业指导书的内容通常包括工艺的步骤、操作方法、要求等，必要时，还包括对工艺过程监控的要求和需形成的记录。是否需要制定作业指导书，以及作业指导书的详略程度与该工序的设备能力、工艺技术水平、操作人员的能力、作业活动的复杂程度等有关，检查过程中检查人员应灵活进行评判，不能教条。

（4）条款 4.2 中关于产品生产过程是指在生产现场完成的过程，如产品生产加工过程，生产过程中零部件、半成品的存储过程，过程检验，例行检验的场所等。

（5）条款 4.2 的审查重点为：识别认证产品生产过程中对环境条件有要求的区域和场所；确定所需的环境条件，如温度、湿度、振动、静电、洁净度、防尘等；确保有要求的区域和场所的环境条件持续满足规定的要求。

（6）过程参数是指在产品形成过程中，用于控制产品符合规定要求的一组数据或指标，这组数据或指标可以被监视、测量和控制。

（7）正确识别过程参数进行监视或测量的过程：

①过程的结果不能或难以通过后续的检验或试验加以验证，包括仅在产品使用后问题才显现的过程，如注塑、焊接等。

②对最终产品的重要质量特性有重大影响的过程，如注塑、焊接、装配、例行检验等。

（8）过程控制的方法和审查重点：

①工厂应确定需监视或测量的过程和过程参数。

②应确定监视或测量的方法及频次。

③工厂应有证据表明按要求实施了过程参数的监视和测量。

（9）过程监控的手段包括在生产的适当阶段，应设置过程检验点，实施过程检查或检验。过程检查或检验方式可包括首检、巡检、完工检。检查、检验点的设置应考虑产品的生产流程、过程的复杂程度、过程质量对最终产品的影响程度、过程质量的稳定性等。另外，考虑安防产品的特点，安防 CCC 还要求主电路板（PCBA）应采用适宜的专用测试工装进行 100% 检验，审核关注重点为是否建立专用测试工具、是否完成频次为 100% 的检验。

（10）过程检查、检验的要求通常包括需检查、检验的质量特性（参数），检查、检验的方法，样品选取方法，放行准则等。审核要点为随机抽取近 12 个月的过程检验记录。

（11）条款 4.4 的控制对象为与认证产品有关的生产设备。审核要点：工厂应建立并保持生产设备维护保养的文件，文件的内容应包括设备的日常维护保养和定期维护保养。设备维护保养有效性的表现为设备能力持续满足产品生产、加工的工艺要求。但不要求设备达到出厂时的精度要求。

（12）条款4.5包含了通用条款10的主要内容，另外对说明书进行了强调。该条款的产品防护贯穿于产品实现全过程，产品防护的方式和要求应明确，并符合法律法规和相关标准的要求，CCC审查中重点关注防护过程中标识、搬运、包装、贮存、保护的相关规定，抽查企业编制的文件，随机抽取一款申证/获证产品包装，查看是否附有能指导用户正确使用的说明书。

（五）采购与关键件控制

1. 条款内容

5.1　采购控制

对于采购的关键件，工厂应识别并在采购文件中明确其技术要求，该技术要求还应确保最终产品满足认证要求。

工厂应建立、保持关键件合格生产者/生产企业名录并从中采购关键件，工厂应保存关键件采购、使用等记录，如进货单、出入库单、台账等。

5.2　关键件的质量控制

5.2.1　工厂应建立并保持文件化的程序，在进货（入厂）时完成对采购关键件的技术要求进行验证和/或检验，并保存检验记录、供应商提供的合格证明及有关检验数据等。

5.2.2　当从经销商、贸易商采购关键件时，工厂应采取适当措施以确保采购关键件的一致性并持续满足其技术要求。

对于委托分包方生产的关键部件、组件、分总成、总成、半成品等，工厂应按采购关键件进行控制，以确保所分包的产品持续满足规定要求。

对于自产的关键件，按第4条进行控制。

2. 条款解析

（1）该条采购文件，除了《采购控制程序》，还包括关键件清单及技术要求；分包过程的工艺文件、验收准则等。

（2）工厂应识别认证产品的关键件，一般通过认证申请过程中提交的《关键件明细表》进行表达，关键件技术要求主要指产品的型号规格、技术参数、材料的牌号、技术参数等。

（3）关键件的申报中的注意事项：

①准确填报关键件生产者/制造商的企业名称，一般应该填写关键件供应商营业执照（或等同文件）的名称，慎用缩写、简称；该名称一旦发生变更，工厂需向认证机构提交变更申请，按照认证机构的要求完成认证变更；关键件生产者/制造商可以多家申报，但是每增加一家，即会增加对应的差异检测，企业在申报中按照实际谨慎申报。

②关键的规格型号应准确填写，一般申报能准确表述产品性能的规格号，一些代表非产品性能的符号，如封装号、客户代号、市场代号、颜色号等应准确识别，并避免申报，这些符号频繁变化可能会影响规格型号一致性的核查。

③关键件供应商可以多家申报，关键件供应商的申报只是作为报备，协助检查员在关键件一致性核查时对产品一致性进行追溯，关键件供应商的增减、变更发生的认证变更，也不会增加差异检测，不会增加认证成本。

（4）关键件应有采购文件明确其技术要求。采购文件的技术要求应与设计文件及型式试验报告或产品描述（适用时）保持一致，工厂应保存关键件的采购和使用记录，具体审核要点如下：

①工厂采购人员应了解关键件的技术要求，并按要求进行采购。

②采购文件一般包括采购合同、采购技术协议、采购订单等，这些文件使关键件技术要求有效传递到关键件的生产者/生产企业。

③关键件合格生产者/生产企业名录应按文件控制的要求管理与控制。

④关键件合格生产者/生产企业名录应与型式试验报告或产品描述一致。

（5）关键件进货（入厂）时的验证和/或检验的审查要点：

①原则上关键件每次（或每批）进货（入厂）都要实施验证或检验。

②验证内容：核对关键件的生产者/生产企业、型号规格、技术参数、

牌号、出厂检验报告、材质化验单等。

③检验项目由工厂根据自身对关键件控制的需要确定。

④实施关键件验证和/或检验的,应建立并保持文件化的验证或检验程序。

⑤验证/检验程序通常应包括抽样方法和判定准则(如涉及抽样)、项目、技术质量要求、方法(必要时)、使用的仪器设备(必要时)、对记录的要求等。

⑥保存的验证/检验记录应能证明工厂按程序的要求实施了验证/检验。

⑦安防 CCC 没有关键件定期确认检验的要求。

(6)关键件由经销商、贸易商提供的控制方法:

①应签订外协/分包合同或技术协议,应明确关键件的技术要求和关键件的生产者/生产企业。审查中需同时关注协议内容、协议有效期等内容。

②采购人员应了解认证申报人员申报的关键件的技术要求和关键件的实际生产者/生产企业,并及时沟通变更情况,确保关键件变更可实时上报认证机构。

③分包的部件、组件、分总成、总成、半成品等,涉及关键件或产品关键结构的,按本条质保能力要求进行控制。自产的关键件,按第 4 条的要求进行控制。

(六)例行检验和确认检验

1. 条款内容

总要求:工厂应建立并保持文件化的程序,对最终产品的例行检验和确认检验进行控制;检验程序应符合规定要求,程序的内容应包括检验频次、项目、内容、方法、判定等。工厂应实施并保存相关检验记录。

6.1 例行检验

例行检验是在生产的最终阶段对生产线上的产品进行的 100% 检验,通常检验后,除包装和加贴标签外,不再进一步加工。例行检验允许采用经验证的等效快速的在线检验方法进行。例行检验的检验项目至少应包括:

（a）主动红外入侵探测器：探测距离；

（b）室内用被动红外探测器、室内用微波多普勒探测器、微波和被动红外复合入侵探测器：探测范围；

（c）振动入侵探测器、室内用被动式玻璃破碎探测器：报警功能；

（d）磁开关入侵探测器：探测间隙；

（e）其他类入侵探测器：探测范围、报警功能；

（f）防盗报警控制器：报警功能。

6.2 批量生产确认检验

批量生产确认检验是验证产品在批量生产过程中，其主要功能和性能持续符合标准要求进行的抽样检验。确认检验至少应进行功能、性能、环境适应性、电磁兼容性等试验项目。原则上，同一类产品的抽样（可抽取有代表性的型号）检验周期不超过 2 年。

批量生产确认检验可由企业自主完成，也可委托具有相关资质的检验机构完成。当由企业完成时，需证实其检验设备、检验方法和检验人员能力满足相应检验项目实施的要求。在产品生产数量少的情况下，企业可通过采信认证产品指定实验室出具的有效检测报告，形成相应的产品批量生产确认检验报告。

6.3 检验能力

工厂应具备例行检验的检验能力，具有相应的检验资源条件。检验人员应能正确地使用仪器设备，掌握检验项目的具体要求并有效实施检验。工厂的检验能力及其资源条件应能在生产现场得到验证。

2. 条款解析

（1）例行检验的总要求

①目的：剔除生产过程中偶然因素造成的不合格品。

②检验点：通常在生产的最终阶段。例行检验后，除进行产品包装和加贴标签外，不再进一步加工。

③频次：100% 检验。特殊产品，可按产品认证实施规则/细则要求实施

抽样检验。

④项目：不少于实施规则/细则的要求。

⑤方法：不要求一定采用认证标准规定的试验条件和方法，可采用经验证后确定的等效、快速的方法。

⑥由工厂策划并实施。例行检验一般不能委托外部实验室实施，除非产品实施规则/细则有规定，否则委外实施需经认证机构批准。工厂应确保委外实施的例行检验频次、项目和方法符合实施规则/细则要求，并保存外部实验室持续具备相应检测能力的证据。

（2）确认检验的总要求

①目的：验证认证产品是否持续符合认证标准要求。

②检验场所：工厂或具备能力的外部实验室。外部实验室可以是企业实验室或第三方检测机构。

③频次：不低于实施规则/细则的规定。

④项目：不少于实施规则/细则的要求。

⑤方法：通常按标准规定的试验条件和方法实施。如实施规则/细则有规定的，按规定执行。

⑥实施：由工厂策划并组织实施。

⑦产品覆盖范围：通常每一工厂专业类别应选择一个产品进行确认检验。实施规则/细则有规定的，按规定执行。

（3）CCC工厂审核中应关注的问题

①工厂应制定文件化的例行检验和/或确认检验程序，保存例行检验和/或确认检验的记录、报告。

②各级政府组织的产品抽查，认证机构实施的监督抽样检验，如检验项目与要求不低于实施规则/细则中确认检验要求的，可替代该工厂专业类别的年度确认检验。

（4）对例行检验和确认检验要素中有关工厂生产现场检验能力的验证，一般有以下几个方面：

①检验工位或试验场地，如 × 生产线 × 工位，× 场地（长、宽、高、环境温度等）。

②检验人员，如 ×× 工号（上岗证、培训考核记录等）。

③检验仪器设备。

④检验作业指导书。

⑤试验方法的描述。

⑥检验记录。

⑦验证结论，如具有 ×× 的能力。

（5）安防产品的例行检验和确认检验的实验要求，详见本书第四章。

（七）检验试验仪器设备

1. 条款内容

7.1　基本要求

工厂应配备足够的检验试验仪器设备，确保在采购、生产制造、最终检验试验等环节中使用的仪器设备能力满足认证产品批量生产时的检验试验要求。

检验试验人员应能正确使用仪器设备，掌握检验试验要求并有效实施。

7.2　校准、检定

用于确定所生产的认证产品符合规定要求的检验试验仪器设备应按规定的周期进行校准或检定，校准或检定周期可按仪器设备的使用频率、前次校准情况等设定；对于内部校准的，工厂应规定校准方法、验收准则和校准周期等；校准或检定应溯源至国家或国际基准。仪器设备的校准或检定状态应能被使用及管理人员方便识别。工厂应保存仪器设备的校准或检定记录。

注：对于生产过程控制中的关键监视测量装置，工厂应根据本要求进行管理。

当发现检验试验仪器设备功能失效时，应能追溯至已检测过的产品。必要时应对这些产品重新进行检测。应规定操作人员在发现设备功能失效时需采取的措施并记录采取的调整措施。

2. 条款解析

（1）条款 7.1 的控制对象为进货检验、过程检验、成品的最终检验及定期确认检验中配备的检验试验仪器设备。具体审核要点：

①检验试验仪器设备能力满足检验试验要求，数量满足批量生产的要求。

②检验试验人员能力：能够正确使用检验试验仪器设备，按检验试验要求有效实施检验试验。法律法规有规定的，按规定执行。

（2）条款 7.2 的控制对象为用于确定所生产的产品（包括采购的关键件，加工的半成品和最终产品）符合规定要求的检验试验仪器设备，包括量具。

（3）用于过程监视和测量的装置，安防 CCC 和通用质量保证能力对应条款的要求不同，通用条款规定过程监视和测量的装置一般不要求必须进行校准或检定。而安防 CCC 规定对于生产过程控制中的关键监视测量装置，工厂应根据本要求进行管理，即需要校准或检定的。最常见的仪器，如炉温测试仪等。

（4）条款 7 的审核要点：

①检验试验仪器设备具有计量溯源性。

②按规定周期或在使用前进行校准或检定。校准、检定周期的确定一般根据设备使用的场合和频次，前次校准情况、法律法规的要求等，检定周期应不大于其规定的周期。

③校准/检定机构的要求：有相应资质和能力、经国家授权和认可。工厂应保存校准/检定机构具备相应资质和能力的证明材料。

④不能溯源的检验试验仪器设备可通过比对、验证或其他适宜的方法，保证仪器设备的准确性；内部（自行）校准的检验试验仪器设备，应建立文件化的校准规程，规定校准方法、验收准则、校准周期。

⑤检验试验仪器设备的检定或校准状态应能方便地被使用及被管理人员识别，校准状态标识通常包括合格、准用（或校准）、停用、封存等。工厂应保存校准、检定、比对或验证的记录、报告、证书等。

（八）内部质量审核

1. 条款内容

工厂应制定并保持文件化的内部质量审核程序，确保质量体系的有效性及认证产品一致性和标准符合性。内部质量审核的信息输入应包括：

（a）来自外部对企业的投诉，尤其是对产品不符合标准及规范要求投诉的处理及记录；

（b）外部对企业的审核，尤其是产品认证时开具不符合项（产品检测、工厂检查不符合项）的整改及记录。

工厂对内部质量审核中发现的问题，应采取纠正和预防措施，并保存审核过程和结果的记录。

2. 条款解析

（1）审核目的：确保质量保证能力的持续符合性，认证产品的一致性及产品与标准的符合性。

（2）审核内容

①对质量保证能力实施内审。

②对产品实施质量审核。

③对获证产品进行一致性和产品与标准的符合性的检查、检测。

（3）审核要点

①内部审核程序，对审核的策划、实施、需形成和保存的记录等做出规定。

②审核方案的策划和审核计划的制订。应根据质量保证能力的实施情况、产品质量的稳定性（如过程的复杂性、重要性、以往审核的结果、产品质量抽查的信息等）策划审核方案、制订审核计划。

③内审频次一般每年一次，若分多次审核的应确保一年内的审核覆盖质量保证能力要求的全部内容。产品确认检验可作为产品质量审核的内容之一。

④内审人员应具备相应能力（如企业授权的内审员），实施质量保证能力审核的人员应与受审核区域无直接责任关系。

⑤内审输入必须包括来自外部对企业的投诉，尤其是对产品不符合标准及规范要求投诉的处理及记录；外部对企业的审核，尤其是产品认证时开具不符合项（产品检测、工厂检查不符合项）的整改及记录。

⑥审核发现问题的处理：责任部门应及时采取纠正措施；对纠正措施的实施结果及其有效性进行验证；发现的潜在问题，可从潜在问题的性质和对产品质量的影响程度考虑，确定预防措施的需求。

⑦审核报告：每年至少出具一份内审报告或内审总结报告，报告应对质量保证能力的持续符合性、产品的一致性及产品与标准的符合性做出评价。

⑧审核中重点关注的内审记录：审核计划、审核记录、不符合项报告或清单、纠正措施及验证的记录、内审报告或内审总结报告等。

（九）批量生产产品的一致性

1. 条款内容

工厂应采取相应的措施，确保批量生产的认证产品至少但不限于在如下方面与型式试验合格样品保持一致：

（a）产品的型号、标志；

（b）产品的内、外部结构；

（c）产品所使用的关键件。

在工厂生产现场，上述批量生产产品的一致性要求应能得到验证。

2. 条款解析

（1）概念解析详见本书第二章第一节"二、（二）认证产品一致性（产品一致性）"中内容。

（2）审查要点：

①现场产品一致性检查时，检查员应核对单元型号（含所有覆盖型号）和基数，确定抽样样品的型号，原则上抽取全部覆盖型号的产品。若覆盖型号不超过 5 个时，抽样数量为全部；若覆盖型号超过 5 个不超过 10 个的情况下，抽样数量不小于覆盖型号的 1/2；若覆盖型号超过 10 个不超过 20 个的情况下，

抽样数量不小于覆盖型号的 1/3；若覆盖型号超过 20 个的情况下，抽样数量不小于覆盖型号的 1/4；若现场无样品，不能抽样，则抽样单上应注明，第二年对其抽样。

②一致性比对检查中应准确表述现场抽样检查的样品，是否与检测报告和委托人提交的相关资料所标明的一致。

③产品一致性存在问题的处理：

属于认证产品标识存在一致性问题的，要求工厂限期整改，必要时采取现场验证（如产品批量大时）。

属于工厂为改进工艺、改善产品结构、提高关键件性能的，应开具不符合项；若工厂有疑义或同意按以下要求处理的，检查组将负责跟踪。

工厂提供相关的证明性文件资料，由检查组核实，并原则上抽取样品送指定实验室检测（抽样数量和检测项目按具体情况确定），工厂检查结论判为现场验证。

未完成现场验证期间，检查组要求工厂将涉及变更的产品进行封存，并停止出货。检查员将产品的名称、型号规格、产品编号或机身号、数量记录在现场检查记录表中，在现场验证时核实。若发现工厂擅自出货，可判工厂检查不通过。

现场验证通过的条件为：a. 所抽样品检测结果合格的报告；b. 认证机构批准变更的有效文件；c. 现场验证产品一致性符合要求。

若所抽样品检测结果为不合格，检查组还将现场对工厂封存的产品进行跟踪查验是否处于受控状态，现场验证结果为不合格，工厂检查结论判为不通过。若现场验证结果发现擅自出货已发生变更而未获得认证机构批准的产品，检查组向认证机构书面报告，由认证机构处置。

属于工厂擅自对认证产品进行变更，致使认证产品的一致性存在严重问题的，判定工厂检查不通过。

（十）不合格品的控制

1. 条款内容

10.1　工厂应制定并保持文件化的不合格控制程序，内容应包括：

（a）元器件和原材料进货检验不合格品的处置方法；

（b）半成品检验不合格品的标识、隔离和处置及采取的纠正措施；

（c）成品检验不合格品的处置及采取的纠正、预防措施。

10.2　工厂应保存对不合品的处置记录。半成品和成品的不合格品经返修、返工后应重新检测，对重要部件和成品的返修、返工应做相应的记录。

10.3　对于国家级和省级监督抽查、产品召回、产品认证（产品检测、工厂检查）、顾客投诉及抱怨等来自外部的认证产品不合格信息，工厂应分析不合格产生的原因，并采取适当的纠正措施。工厂应保存认证产品的不合格信息、原因分析、处置及纠正措施等记录。工厂获知其认证产品存在重大质量问题时（如国家级和省级监督抽查不合格等），应及时通知认证机构。

2. 条款解析

（1）该条款的控制范围为采购、生产、检验，产品的贮存、搬运和包装等产品形成的各个阶段产生的不合格品。

（2）本条款的控制目的是为了避免不合格品的非预期使用或交付，发现不合格品，首先需进行标识或隔离。

（3）该条款涉及的纠正、纠正措施、预防措施等概念详见本书第二章第一节内容。

（4）不合格品常用的处置措施主要包括：①返工。②返修。③让步使用或放行。让步是对使用或放行不合格品的许可，需经有关授权人员批准，重要部件或组件的让步使用要慎重。假如国家法律法规和认证机构有规定的应按规定执行。工厂应保存让步使用或放行的记录。④报废。

（5）产品返工或返修后，重新进行了检验，工厂应保存重检合格的记录。

（6）对来自外部的认证产品不合格信息，工厂应采取以下措施：

①有明确的接收、流转、处置流程和责任部门或责任人。

②对不合格品的原因分析,采取的纠正措施,应能消除不合格产生的原因,避免同类问题再发生。

③应保存不合格信息的接收、处置、原因分析、纠正措施等相关记录。

④应按认证机构规定的方式、途径、时限把获知其认证产品存在重大质量问题的信息通知认证机构。

⑤本条款提到的所有来自外部的产品不合格信息,一般情况下工厂均应及时通知认证机构。

（十一）CCC 证书和标志

1. 条款内容

工厂对 CCC 证书和标志的管理及使用应符合国家强制性产品认证管理及强制性产品认证标志管理的相关规定。对于统一印制的标准规格 CCC 标志或采用印刷、模压等方式加施的 CCC 标志,工厂应保存使用记录。对于下列产品,不得加施 CCC 标志或放行:

（a）未获认证的强制性产品认证目录内产品;

（b）获证后的变更需经认证机构确认,但未经确认的产品;

（c）超过认证有效期的产品;

（d）已暂停、撤销、注销的证书所列产品;

（e）不合格产品。

2. 条款解析

（1）CCC 证书检查

1）证书及其状态的核实

①检查组在现场核实获证工厂所持证书的编号与数量是否和任务中的证书信息相一致。若有不一致的情况发生,检查员在现场将无法核实的证书上报认证机构处置。

②检查员应特别关注认证委托人与生产企业不同时工厂所持证书的情况,同时核实证书的状态是否为有效。

③检查员在现场检查时，若有持证人提出不想继续持有认证证书或想暂停认证证书的，检查员可在现场接收企业证书处理申请书并带回，但需持证人的代表在适当位置签字确认，同时在工厂检查报告的附加说明页中予以说明，并要求持证人将证书交回。

2）证书有效性的检查

证书有效性的检查包含以下方面：

①证书实际认证委托人 / 持证人是否与证书所列相一致。

②生产者是否与证书所列相一致。

③生产企业实际名称和实际生产地址是否与证书所列相一致。

④证书所列的产品标准是否为现行有效的标准版本；对于标准已经换版但过渡期尚未结束的，在工厂检查的报告附加说明页中注明，同时向企业宣贯标准换版的要求。

⑤实际生产并加贴认证标志产品的规格、型号是否与证书所列相一致。

当①或②出现不一致情况时，开具不符合项，要求工厂办理认证变更。

当③出现不一致情况时，具体为：若生产企业名称变更，实际生产地址不变时，检查员在现场将情况上报认证机构，由认证机构处置并决定是否继续执行工厂检查；若工厂实际地址变迁，无论工厂名称是否变更，应终止检查任务，提请工厂进行认证申请，并在 2 个工作日内将情况用书面方式报认证下达部门。

当④或⑤出现不一致情况时，检查员在现场将情况及时上报认证机构，并等候认证机构的指示；检查员将实际情况记录在工厂检查报告的附加说明页中。

3）证书管理的检查

检查员在现场检查工厂是否妥善保管好证书，是否有非法使用 CCC 证书的现象。非法使用 CCC 证书的主要情况有：伪造、变造、出租、出借、冒用、买卖、转让 CCC 证书；在获知证书被撤销或暂停后，继续使用 CCC 证书；其他故意非法使用 CCC 证书的情况。

对发现非法使用 CCC 证书的，检查员应及时上报认证机构，由认证中心机构处置。

（2）CCC 标志检查

1）非法使用 CCC 标志的情况

非法使用 CCC 标志的主要情况有：伪造、变造、出租、出借、冒用、买卖、转让、盗用 CCC 标志；在获知证书被撤销或暂停后，继续使用 CCC 标志；在未获得 CCC 证书的产品上，故意加施 CCC 标志；其他故意非法使用 CCC 标志的情况。

2）CCC 标志的购买

对于 CCC 标志，对同一类获证产品多证书的情况可允许使用其中某一张证书购买标志，加贴在同一类获证产品上；对于不同类、不同认证委托人的获证产品应使用各自的证书分别购买标志，分别加贴在获证产品上，分别管理。

3）认证标志的工厂检查内容

①对于使用国家认监委统一印制的标准规格认证标志（简称 CCC 标志）的工厂，检查其申请购买 CCC 标志的申请文件和发票，需核查认证标志购买明细表、认证标志使用记录、获证产品生产和出库记录、核对剩余标志数量。

②对于使用印刷、模压、模制、丝印、喷漆、蚀刻、雕刻、烙印、打戳等方式（以上各种方式在以下简称印刷、模压）在产品或产品铭牌上加施认证标志的工厂，检查其是否保存使用记录，是否与生产订单、出库记录等一致。

③根据认证规则 / 细则中对各类产品认证标志使用规定进行检查，如是否允许使用变形认证标志、加施方式、标志位置、标志真伪等。

④是否超出 CCC 产品认证证书范围使用，非法使用认证标志。

⑤出口或在境外销售的目录内产品不属于 CCC 标志和工厂检查的产品范围。但对于该类产品印刷、模压的 CCC 标志情况，由于存在产品进口或在境内出厂、销售的风险，故检查组应要求工厂提供产品出口或在境外销售的材料 / 证据和管理要求，重点检查产品是否存在进口或在境内出厂、销售的风险。

对于跟踪检查，若前次检查记录表明工厂存在出口或在境外销售的目录内产品印刷、模压CCC标志的情况，检查组应追溯检查相关产品的流向。

⑥检查工厂是否将强制性认证标志加贴在以下的产品上：未获认证的强制性产品认证目录内产品；获证后的变更需经认证机构确认，但未经确认的产品；超过认证有效期的产品；已暂停、撤销、注销的证书所列产品；不合格产品。

⑦CCC标志保管和使用数量的检查：检查工厂是否对CCC标志妥善保管，以防止认证标志的丢失和非预期使用；检查工厂是否保存CCC标志使用执行情况记录，包括印刷、模压的标志。

4）对于不按规定要求使用CCC标志的处理：

①对于在现场检查中发现获证工厂不按上述要求使用CCC标志的，在工厂检查报告中记录并开出不符合报告。

②若发现获证工厂有非法使用CCC标志行为的，检查组应要求工厂停止使用CCC标志，并及时上报认证机构，由认证机构处置。

③检查组在现场检查时，有义务向工厂宣传CCC标志的要求，注意工厂是否存在生产强制性产品认证目录内产品而未加贴CCC标志的情况；若有此情况发生，应及时上报认证机构，由认证机构处置。

5）需在生产过程中加施CCC标志和委托相关方印刷、模压CCC标志的情况，按《强制性产品认证实施规则　工厂检查通用要求》（CNCA-00C-006）第10条检查。

（十二）获证产品的变更控制

1. 条款内容

工厂应制定并保持变更控制程序，确保认证产品的设计、采用的关键件及生产工序工艺、检验条件等因素的变更得到有效控制。获证产品涉及如下的变更，企业在实施前应向认证机构申报，获得批准后方可执行：

（a）产品设计（原理、结构等）的变更；

（b）产品采用的关键件和关键材料的变更（型号、制造商、数量等）；

（c）关键工序、工艺及其生产设备的变更；

（d）例行检验条件和方法变更；

（e）生产场所搬迁、生产质量体系换版等变更；

（f）其他可能影响与认证标准及规范的符合性的变更。

2. 条款解析

（1）本部分内容是对工厂实施产品一致性控制的总体要求，并非对检查员实施产品一致性检查的要求，工厂现场检查一致性要求详见本节"二、（九）批量生产产品的一致性"中内容。

（2）产品一致性控制贯穿产品实现全过程，工厂应把一致性控制的具体措施在相关过程的控制中予以落实。

（3）检查员对工厂一致性控制的检查应在对相关过程的检查中实施，不应集中在对本条款的检查。

第四节　CCC 工厂检查工作中的重要注意事项

一、不符合项的整改及验证

（1）不符合项通知单原件由工厂留存，复印件由检查组长带回。

（2）不符合项的整改资料至少需包含原因分析、纠正和纠正措施。

（3）监督检查中出现严重不符合，检查组建议需暂停证书的，检查组长应在现场检查结束后 2 个工作日内，将情况以书面形式告知认证机构。

（4）工厂如未能在规定时间内完成整改的，检查组应立即向认证机构报告，并提出处理建议及工厂检查建议结论，同时将工厂检查全套资料提交认证机构。

二、工厂检查资料的整理提交

（1）工厂检查资料一般按工厂质量保证能力检查、产品一致性检查两大块分类整理。

（2）工厂质量保证能力检查资料主要包括工厂检查计划原件（检查组长和企业代表签字）、首末次会议签到表、工厂检查报告、工厂检查记录、不符合项通知单（签字确认）及整改资料（也可为电子版）、现场检查情况反馈表、按产品小类带回例行检验和确认检验记录复印件（必要时）、现场提交的认证产品变更申请资料（如有）等。

（3）产品一致性检查资料按照单元整理，每个单元资料包含的主要内容有关键元器件明细表（检查员、企业代表签字，加盖企业公章）、一致性核查报告、一致性核查记录、一致性核查样品抽样表（检查员、企业代表签字）、抽样单等。

（4）作为检查证据复印的企业文件或记录应编写页码，检查员应签名并注明日期。

三、工厂检查资料提交的时效性控制

（1）在工厂检查结束后，若无不符合项，检查组应在认证机构规定时间内递交工厂检查报告。

（2）若有不符合项，检查组在规定时间内收到并确认生产企业递交的全部不符合项整改证实性材料后，向认证机构提交工厂检查报告。

（3）现场检查中，经双方签字、盖章确认的认证产品检验抽样单，关键元器件、部件或原材料明细表各复印两份，一份企业留存，一份随附抽封样的样品送达检测机构检查，原件由检查组带回，并在现场检查结束后交认证机构。

四、现场检查资料的修改

现场检查资料的修改是指在完成现场检查和离开工厂后，检查组对已提交给工厂、认证机构的检查资料的修改。现场检查资料的修改要求如下。

（一）不得修改的资料

（1）不是由检查组完成的文件、记录、数据等均不得修改，主要有：

①型式试验报告、经认证机构确认的产品描述。

②工厂检查不符合报告的纠正措施实施证实性资料。

③例行检验、确认检验、指定试验等原始检验试验记录。

④检验试验仪器设备的校准、检定记录。

（2）原则上，凡对现场检查结论和计费有直接影响的记录、数据，均不得修改，主要有：

①工厂检查计划。

②工厂检查报告。

③工厂检查不符合报告。

④抽样通知书（送样）。

⑤工厂检查人日数。

（二）工厂检查资料正确的修改方式

（1）对于需要且可修改的工厂检查及抽样资料，由检查组使用钢笔或签字笔进行划改，不得涂改（如使用修正液涂改）。应保证在修改后，相关审核、认证决定人员能方便地识别修改前和修改后的内容（即清晰、易读、可辨识）。

（2）对于工厂检查及抽样资料中的修改，检查组中的修改人均应在每一处重要修改的地方（如影响工厂检查结论的、影响计费人数的、测试数据）签字确认，并注明修改日期。

（3）对于工厂检查及抽样资料的修改，检查组应在《工厂检查报告》的备注栏中补充说明修改原因和总体修改情况，并由检查组长和／或修改人签字确认。

（4）对于工厂检查及抽样资料的修改，检查组应联系工厂，确保留存在工厂的和认证机构的工厂检查及抽样资料的一致性。

（5）认证决定人员应对工厂检查及抽样资料修改的可行性进行评价。若评价结论为不宜修改，则提交认证机构处理；对于可修改的，需按照认证要求重新评定。

五、非常规监督的实施

发生下列异常情况将开展不定期（非常规）认证后监督：

（1）持证人获证产品、工艺、管理体系更改，为确认对认证产品一致性的影响，需再次完成现场检查和 / 或抽样检验的。

（2）认证要求更改后，为确认持证人满足新的认证要求，需再次完成现场检查和 / 或抽样检验的。

（3）由于来自外部质量信息显示，认定持证人应负产品质量责任的，为确认获证产品质量保证能力，需再次完成现场检查和 / 或抽样检验的。

（4）其他需启动不定期（非常规）监督的情况，如暂停恢复、生产厂搬迁、增加认证委托人、企业分类管理等。

六、工厂检查中技术专家的使用

特殊情况下，可以使用技术专家对自愿性产品认证的工厂检查活动提供技术支持，技术专家应为经认证机构永久或临时聘用的人员。技术专家可以到检查现场，为实施现场检查的工厂检查员提供技术支持，参与现场检查活动，但检查组中至少有一名获得 CCAA 授权的自愿认证工厂检查员。

七、现场检查的注意事项、要求和典型情况的处置

（一）现场检查的注意事项

（1）检查组应事先了解并遵守工厂的合理规定，如安全生产、作息时间等；若工厂的规定影响检查工作的开展或检查效率，检查组应与工厂充分沟通，争取理解并解决问题，必要时向认证机构请示、报告。

（2）检查组进厂后，应首先向工厂亮明身份，并说明检查任务目的、范围，以便迅速实施检查。

（3）在首次会议或检查前的沟通时，检查组应与工厂确认。允许工厂对检查计划的安排顺序进行调整，但不得删减检查内容，提交认证管理平台的工厂检查计划以现场检查时确认的为准。现场检查应尽量按双方确认的工厂检查计划进行，不宜轻易改变；需要调整时，检查组应与工厂沟通、协调并达成一致。对于工厂检查计划在现场检查期间的调整，检查双方可不再次签字确认；对于调整较大的，检查组应在工厂检查报告的附加说明页或工厂检查记录中予以说明。

（4）检查组应按工厂的作息时间检查，境内工厂检查的时间通常为每天8 小时，境外工厂检查按当地的工作时间规定检查。对于 2 名（含）以上成员的检查组，现场检查应分组进行，可检查不同的条款，或检查相同条款的不同内容；检查组成员间应密切沟通、联系，以确保不重复检查相同或相似的条款、内容。当工厂同意时，检查组可对检查对象拍照、复印相关资料以作为检查发现的支持性证据；不宜大量拍照、复印与检查发现无关的证据。

（二）现场检查的要求

（1）检查组按认证机构下达的任务要求检查，通常采取随机抽样的方式进行，在工厂检查的范围内抽样并符合产品实施细则及认证机构相关文件要求。

（2）检查组应根据工厂具体的部门及职能设置，结合各职能部门所涉及

的工厂质量保证能力要求条款进行检查，同时完成产品的一致性核查、完成年度监督抽样。

（3）若需对下达的任务要求进行调整（不能执行任务、工厂检查不通过，需多次检查才能完成同一任务的情况除外），检查组通常应向认证机构请示、报告，按认证机构的要求处置并将情况记录在工厂检查报告的附加说明页上。

现场需对任务进行调整的情况如下：

①企业体制重组变更的现场检查时，检查组发现实际变更情况与申报材料不一致，需增加检查条款、内容和人数的。

②对于现场检查发现的产品不一致，检查组认为有必要抽取产品送指定实验室，经检测验证产品与标准的符合性的。

③在利用质量管理体系认证结果时，对存在质疑的条款和内容重新检查确认。

（三）现场检查几种典型情况的处置

1. 采购关键件的证书（如锁具）被暂停、撤销、注销的处置

若工厂采购并使用了证书暂停、撤销、注销之后生产的关键件，检查组应开具不符合项。若工厂采购并使用了证书暂停、撤销之前生产的关键件，检查组应收集相关证据，具体问题具体分析并适当处置；必要时经认证机构批准，可抽取最终产品进行监督抽样检测。

2. 一致性检查时发现关键件生产企业名称变化的处置

（1）如该关键件已获得认证证书，关键件的产品名称、规格型号等参数未发生变化，并且证书号没有变化，只是其生产者或者生产者名称发生变化，检查组不开具不符合项，在工厂检查报告的附加说明页中予以说明。

（2）如该关键件未获得认证证书，则需要开具不符合项，提请工厂进行认证变更。

（3）一致性检查时发现已获认证证书的关键件证书号发生变化，关键件的产品名称、规格型号等参数未发生变化，并且生产者或生产企业没有发生

变化，检查组不开具不符合项，在工厂检查报告的附加说明页中予以说明。

3.同类或类似产品在生产的要求

原则上，跟踪检查时应有获证产品在生产，如果没有，则至少应有同类或类似产品在生产。此时的同类或类似产品与获证产品应至少在生产制造工艺和质量控制等方面相同。

4.在任务完成前已经能够将工厂检查结论判定为不通过或现场验证的处置

对于在任务完成前已经能够将工厂检查结论判定为不通过或现场验证的（如因关键资源不满足要求而难以保证产品一致性的、关键例行检验用仪器设备的校准超期等），原则上，检查组应与工厂充分沟通。若工厂希望中断任务，则检查组对业已完成的检查条款、内容进行判定和记录，并在工厂检查报告的备注栏中对未完成的任务和工厂的意见进行说明。若工厂希望继续完成任务，则可继续进行检查、抽样，并在工厂检查报告的备注栏中对工厂的意见进行说明。

八、工厂检查中异常情况的处置

（1）面对异常情况，检查组应：

①与工厂进行充分、耐心、细致的沟通，检查组内部研究、协商处理方案。

②评估完成任务的可能性，尽量完成业已下达的任务。

③对于不属于任务的异常情况，以适当方式尽量收集完整、充分的证据与信息。

④必要时向认证机构请示、报告，并提出检查组的处置意见、建议。

⑤需要时对异常情况及其处理过程进行完整、充分、可追溯的记录。

（2）异常情况的记录

对于检查组在其职责范围内可处置的异常情况，可不记录。对于通过认证机构的沟通、协调、指导已解决，且无须后续跟踪的异常情况，可不记录。

对于需后续跟踪、工厂同意且后续跟踪要求明确的异常情况，可在工厂检查报告的备注栏中记录异常情况及其处置过程、需后续跟踪的内容。

对于现场不能解决，需认证机构处置和后续跟踪的异常情况，检查组可填写《工厂检查、监督抽样异常情况反馈单》。对于其他异常情况，由检查组根据具体情况决定是否及如何记录。

（3）在填写和提交《工厂检查、监督抽样异常情况反馈单》时，检查组应：

①所有适用栏目均应填写。

②附上相关任务书、证书清单，以及能完整反映异常情况以便下一步处理的证实性资料。注明该异常情况是涉及所有证书还是部分相关证书。

③《工厂检查、监督抽样异常情况反馈单》中的签名日期为上报认证机构的日期。

④在发现异常情况后的还应按照规定日期尽快向认证机构申报。

第四章

防盗报警产品的例行检验和确认检验

第一节　总体要求和重点解读

例行检验和确认检验是工厂检查工作的核心要素之一，对于防盗报警产品强制性认证而言也不例外，是防盗报警产品强制性认证工厂检查的必查要素。

例行检验是为了剔除生产过程中由于偶然因素造成的不合格品，防止不合格的产品出厂，因此，也常被称为"出厂检验"。确认检验一般是在合格产品中抽取样品，依据认证标准文件要求进行的抽样检验，其目的是为验证产品是否持续符合标准要求。

一、总体要求

中国国家认证认可监督管理委员会 2014 年 1 月 2 日发布的《强制性产品认证实施规则　工厂质量保证能力要求》（CNCA-00C-005）规定：工厂应建立并保持文件化的程序，对最终产品的例行检验和 / 或确认检验进行控制；检验程序应符合规定要求，程序的内容应包括检验频次、项目、内容、方法、判定等。工厂应实施并保存相关检验记录。对于委托外部机构进行的检验，工厂应确保外部机构的能力满足检验要求，并保存相关能力的评价结果，如实验室认可证明等。

2019 年 8 月 20 日由公安部第三研究所发布并于 2019 年 9 月 1 日起实施的《强制性产品认证实施细则　防盗报警产品》（TRIMPS-C19-01：2019）

附件4：防盗报警产品强制性认证工厂质量保证能力及产品一致性和标准符合性控制要求检查要素6规定：

6　例行检验和确认检验

工厂应建立并保持文件化的程序，对最终产品的例行检验和确认检验进行控制；检验程序应符合规定要求，程序的内容应包括检验频次、项目、内容、方法、判定等。工厂应实施并保存相关检验记录。

6.1　例行检验

例行检验是在生产的最终阶段对生产线上的产品进行的100%检验，通常检验后，除包装和加贴标签外，不再进一步加工。例行检验允许采用经验证的等效快速的在线检验方法进行。例行检验的检验项目至少应包括：

1）主动红外入侵探测器：探测距离；

2）室内用被动红外探测器：探测范围；

3）室内用微波多普勒探测器：探测范围边界；

4）微波和被动红外复合入侵探测器：入侵探测；

5）振动入侵探测器：报警功能；

6）室内用被动式玻璃破碎探测器：报警功能；

7）磁开关入侵探测器：探测间隙；

8）其他类入侵探测器：探测范围／报警功能；

9）防盗报警控制器：功能（设置警戒、解除警戒、报警输入分类、报警输出）。

工厂应具备例行检验的检验能力，具有相应的检验资源条件。检验人员应能正确地使用仪器设备，掌握检验项目的具体要求并有效实施检验。工厂的检验能力及其资源条件应能在生产现场得到验证。

6.2　批量生产确认检验

批量生产确认检验是验证产品在批量生产过程中，其主要功能和性能持续符合标准要求进行的抽样检验。确认检验至少应进行功能、性能、环境适应性、电磁兼容性、安全性等试验项目。原则上，同一类产品的抽样（可抽取有代表性的型号）检验周期不超过 2 年。

批量生产确认检验可由企业自主完成，也可委托具有相关资质的检验机构完成。当由企业完成时，需证实其检验设备、检验方法和检验人员能力满足相应检验项目实施的要求。在产品生产数量少的情况下，企业可通过采信认证产品指定实验室出具的有效检测报告，形成相应的产品批量生产确认检验报告。

二、重点解读

（1）工厂应制定文件化的例行检验和确认检验控制程序。工厂应根据所生产防盗报警产品的技术特点进行例行检验和确认检验控制程序的制定（修订），并应确保文件的充分性、适宜性及使用文件的有效性。

（2）例行检验和确认检验控制程序至少应包括检验频次、检验项目和内容、检验方法、判定准则等。程序中对例行检验和确认检验的规定应不低于认证实施规则和实施细则的要求。

防盗报警产品的例行检验和确认检验要点，详见表 4-1。

表 4-1　防盗报警产品的例行检验和确认检验要点对照

序号	要点	例行检验	确认检验
1	目的	剔除生产过程中因偶然因素造成的不合格品	验证产品在批量生产过程中，其主要功能和性能持续符合标准要求进行的抽样检验
2	检验点	生产的最终阶段	生产线或仓库（对合格品进行）
3	频次	每款产品 100% 检验	同类产品可抽取代表性型号检验，不少于 2 年 1 次

续表

序号	要点	例行检验	确认检验
4	检验项目	不得少于认证实施规则和细则的要求，至少应包括： ①主动红外入侵探测器：探测距离； ②室内用被动红外探测器：探测范围； ③室内用微波多普勒探测器：探测范围边界； ④微波和被动红外复合入侵探测器：入侵探测； ⑤振动入侵探测器：报警功能； ⑥室内用被动式玻璃破碎探测器：报警功能； ⑦磁开关入侵探测器：探测间隙； ⑧其他类入侵探测器：探测范围/报警功能； ⑨防盗报警控制器：功能（设置警戒、解除警戒、报警输入分类、报警输出）	不得少于认证实施规则和细则的要求，至少包括功能、性能、环境适应性、电磁兼容性、安全性等试验项目
5	检验方法	允许采用经验证的等效、快速的在线检验方法	按认证标准的试验条件和方法要求
6	实施	工厂策划并实施，自主完成	工厂策划并组织实施，工厂可以自主完成，也可委托具有相关资质的检验机构

（3）防盗报警产品的例行检验由工厂策划并实施，一般不能委托外部机构实施。确认检验由工厂策划并组织实施。若确认检验由工厂自行实施，则工厂应能证实其检验设备、检验方法和检验人员能力满足相应检验项目实施的要求；若确认检验由工厂委托外部机构（可以是企业实验室或第三方实验室）实施，则工厂至少应保留外部机构具备相应检验能力的证据。

（4）其他注意事项

①工厂应保存例行检验和确认检验的记录、报告等。

②工厂应具备产品例行检验的检验能力，具有相应的检验资源条件。实施检验人员应能正确地使用检验仪器设备，掌握工厂所生产防盗报警产品的检

验具体要求并能有效实施检验。工厂的检验能力及其资源条件应能在生产现场得到验证。

③各级政府组织的产品抽查、认证机构实施的监督抽样检测，如果检验项目和要求不低于符合该产品认证实施规则和细则中确认检验要求的，则可以替代该工厂该类别产品的年度确认检验。

第二节　防盗报警产品的例行检验

防盗报警类产品主要包括入侵探测器类产品、报警控制器类产品、电子巡查系统产品、出入口控制类产品等。目前列于国家强制性认证（CCC 认证）目录范围的产品包括入侵探测器和报警控制器两大类产品。进行国家强制性认证的入侵探测器类产品主要包括主动红外入侵探测器、室内用被动红外探测器、室内用微波多普勒探测器、微波和被动红外复合入侵探测器、振动入侵探测器、室内用被动式玻璃破碎探测器、磁开关入侵探测器及其他类入侵探测器；报警控制器类产品主要包括防盗报警控制器和汽车防盗报警系统。

根据市场监管总局与国家认监委发布的 2018 年第 11 号公告《关于改革调整强制性产品认证目录及实施方式的公告》，自 2018 年 6 月 11 日起，汽车防盗报警系统被调出强制性产品认证目录，不再实施强制性产品认证管理，本书不再对汽车防盗报警系统进行阐释和分析。

按《强制性产品认证实施规则　防盗报警产品》（CNCA-C19-01：2014）和《强制性产品认证实施细则　防盗报警产品》（TRIMPS-C19-01：2019，公安部第三研究所 2020 年 9 月 1 日发布）等文件规定，防盗报警产品强制性认证依据标准主要有：《入侵探测器　第 1 部分：通用要求》（GB 10408.1—2000）、《入侵探测器　第 3 部分：室内用微波多普勒探测器》（GB 10408.3—2000）、《入侵探测器　第 4 部分：主动红外入侵探测器》（GB 10408.4—2000）、《入侵探测器　第 5 部分：室内用被动红外探测器》

（GB 10408.5—2000）、《微波和被动红外复合入侵探测器》（GB 10408.6—2009）、《振动入侵探测器》（GB/T 10408.8—2008）、《入侵探测器　第9部分：室内用被动式玻璃破碎探测器》（GB 10408.9—2001）、《磁开关入侵探测器》（GB 15209—2006）、《安全防范报警设备　安全要求和试验方法》（GB 16796—2009）、《防盗报警控制器通用技术条件》（GB 12663—2001），本部分将对除汽车防盗报警系统之外的9种实施强制性产品认证的防盗报警产品例行检验对应的标准条款要求、条款要点及试验方法逐一进行分析。

一、主动红外入侵探测器

主动红外入侵探测器一般由发射机和接收机组成，是一种红外线光束遮挡型探测器。发射机中的红外发光二极管在电源激发下，发出一束经过调制的红外光束，经过光学系统的作用变成平行光发射出去，随后在接收机的光学透镜中进行聚焦，由接收机中的红外光电传感器接收并把光信号转换成电信号。正常情况下，接收机收到的是一个稳定的光信号。当有人入侵时，发射机与接收机之间的红外辐射光束被完全遮断或按给定的百分比被部分遮断，从而产生报警状态。

主动红外入侵探测器属于线控制型探测器，其控制范围为一线状分布的狭长空间。同时，由于红外光是一种非可见光，具有较好的隐蔽性。

主动红外入侵探测器的监控距离较远，可达百米以上，而且灵敏度较高，通常将触发报警器的最短遮光时间，只有0.02 s左右。这相当于人以跑百米的速度穿过红外光束的时间。此种探测器适合安装在具有一定长度的周界围墙上，操作方便，效果明显。因此，获得了广泛应用。

主动红外入侵探测器用于室外警戒时，受环境气候影响较大，如遇雾天、下雪、下雨、刮风沙等恶劣天气时，能见度下降，作用距离因此而大幅缩短。同时，室外环境复杂，有时遇到野生动物闯过，或落叶飘下时也可能造成误报警。为了确保工作的可靠性，室外应用主动红外入侵探测器在结构和电路等方面的设计要比室内应用型复杂，如可采用双射束，以减低误报，还要附加防雨、防霜、防雾等功能。

主动红外入侵探测器现行标准为《入侵探测器　第 4 部分：主动红外入侵探测器》（GB 10408.4—2000），该标准为 2000 年 10 月 17 日发布，2001 年 6 月 1 日实施。主动红外入侵探测器的例行检验项目为探测距离，对应本标准条款 4.1.7。

（一）标准条款

4.1.7　探测距离

a）室内用：发射机与接收机经正确安装和对准并工作在制造厂规定的探测距离，辐射能量有 75% 被持久地遮盖时，接收机不应产生报警状态。

b）室外用：主动红外入侵探测器的最大射束距离应是制造厂规定的探测距离的 6 倍以上。

（二）条款说明

主动红外入侵探测器在设计和生产时首先需要明确产品自身的适用场合，即属于室内用还是室外用的，并根据产品的特性确定所需符合的对应要求。

对于室内用主动红外入侵探测器，根据标准条款的要求，重点考察的是产品的探测距离。所谓探测距离是指主动红外入侵探测器发射机和接收机分置安装并能满足标准技术要求的两机间间距。在这里需要关注的是辐射能量遮盖和辐射光束被遮断的区别，此时主动红外入侵探测器的响应应该是不同的。发射机与接收机经正确安装和对准时，在规定的探测距离内，只要辐射能量遮盖不超过 75%，接收机就不应产生报警状态；而红外辐射光束被完全遮断或按给定的百分比被部分遮断的持续时间大于 40（1±10%）ms，探测器就应产生报警状态。

对于室外用主动红外入侵探测器，主要考察的则是最大射束距离，即接收机能接收到发射红外光束的最大距离。由于室外用主动红外入侵探测器受外界气候，以及环境因素如雨、雾、风沙等影响较大，为了保证产品在实际应用环境中的警戒距离下能够可靠报警，减少气候变化引起的误报警和漏报警。因此，要求最大射束距离需达到制造厂规定的探测距离的6倍以上。

（三）检验方法

室内用主动红外入侵探测器：调准接收机与发射机之间的红外光束，将一组衰减为75%的中性滤光片放在接收机孔径前，使接收到的辐射能量被持久地遮蔽75%。

室外用主动红外入侵探测器：在室外试验场地固定发射机，移动接收机直至接收机还能接收到红外光束的最远距离。

在实际工厂例行检验过程中，室外用探测器也可采用室内用探测器所述的等效距离测试方法，但应注意保存遮盖滤光片技术规格、等效距离校验记录等。

二、室内用被动红外探测器

被动红外探测器是一种由于人在探测器警戒区域内移动引起接收到的红外辐射电平变化而产生报警状态的探测器。被动红外探测器属于空间控制型探测器，本身不发射任何能量，而只是被动接收、探测来自环境的红外辐射。当人体通过探测器的覆盖区域时，探测器接收到的红外辐射能量就会发生变化，而使红外热释电传感器产生电平变化，进而通过分析处理后发出报警信号。就隐蔽性而言，被动红外探测器要优于主动红外探测器，它的功耗也可以做得极低，普通的电池就可以维持其长时间的工作。此外，它是以被动方式工作的，因此，当需要在同一区域安装数个被动式红外探测器时，也不会产生相互之间的干扰。但由于各种物体在一定的条件下都会散发红外能量，被动红外探测器非常容易受到各种复杂环境的干扰。例如，太阳直射的窗口、电加热器、火炉、暖气、空调器的出风口等处，由于热气流的流动、温度的快速改变很容易引起被动红外探测器的误报警或漏报警。另外，由于红外线的穿透性能较差，因此，在探测区域内不应该有障碍物，否则会造成探测"盲区"。在实际使用中，为了保证被动红外探测器具有良好的运行状态和性能，一般在室内应用为多，且在探测区域内应尽量避免障碍物。

室内用被动红外探测器现行标准为《入侵探测器 第 5 部分：室内用被动红外探测器》（GB 10408.5—2000），该标准 2000 年 10 月 17 日发布，2001 年 6 月 1 日实施。室内用被动红外探测器的例行检验项目为探测范围，对应本标准条款第 5.1.1 条。

（一）标准条款

5.1.1 信号处理器

探测器应能探测到参考目标在探测覆盖区域内相对于探测器 0.3 ~ 3 m/s 的横向运动，在距探测器恒定距离条件下，参考目标做 3 m 以内的单向运动时，探测器应产生报警状态。

（二）条款说明

参考目标指具有与正常人相似的红外辐射特性的装置，在 GB 10408.5—2000 中，如图 4-1 所示。

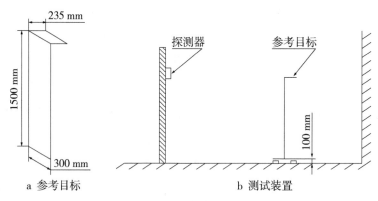

图 4-1 参考目标

一般而言，一个非法向运动可以分解为径向运动和法向（横向）运动。单纯的径向运动是无法使被动红外探测器产生报警状态的；只有当人体在被动红外探测器前，在探测距离内做法向（横向）移动时并达到一定的被探测速度时，被动红外探测器才能产生报警。

在本标准中要求探测器能够探测横向运动速度为 0.3 ~ 3 m/s 的参考目标。当然更先进的产品能够探测到的速度下限更慢，可以低于 0.3 m/s；探测上限能够达到更快，可以高于 3 m/s。

（三）检验方法

一般情况下探测范围试验优先采用正常人做步行测试。需要注意的是，工厂例行检验采用正常人做步行测试时，需要有足够大的，温度、气流等相对稳定的步行测试场地，且在步行测试期间，场地周围不应有其他干扰或能对探测器探测范围有较大影响的因素。正常人做步行测试的优点在于方法相对简单，检验操作的技术门槛较低且贴合实际应用场景中的入侵对象；缺点在于测试时的重复性、再现性、一致性相对较差，对于一些高灵敏度探测器，就需要测试人员有较为丰富的检测经验，否则在测试过程中容易出现误判。

除采用人体目标的步行测试方法进行探测范围例行试验之外，也可以使用模拟的辐射人体进行测试。此时模拟人体固定不动，通过探测器转动做"运动"，产生相当于标准要求的运动速度。按 GB 10408.5—2000 具体方法如下，供大家参考使用：

（1）参考目标放在由探测器的安装位置及相应调节所决定的最大的探测距离处。

（2）移动参考目标或转动探测器，从而得到参考目标与探测器之间保持恒定距离下单向移动的效果，这种单向移动应产生相当于 0.3 m/s 的横向速度。相当于 3 m 以内的这种单向移动应使探测器产生报警状态。

在相当于横向速度为 3 m/s 下重复进行上述测试（1）和（2）。

（3）上述测试在参考目标安置在由探测器的安装位置及相应的调节所决

定的探测覆盖面的范围内重复进行。

（4）在探测覆盖面内任意选择 3 个位置用参考目标重复进行上述的测试（2）。

工厂如采用模拟人体目标方式，应进行充分的论证并保留相关记录。

三、室内用微波多普勒探测器

室内用微波多普勒探测器是一种由于人体移动使反射的微波辐射频率发生变化而产生报警状态的探测器。微波探测器的警戒探测范围与其天线结构有关，比较灵活，可以覆盖 60°～90° 的水平辐射角，控制面积可达几十至几百平方米，如面积大的房间或仓库等。微波对非金属物质的穿透性既有好的一面，也有坏的一面。优点是可以用一个微波探测器监控几个房间，同时还可外加修饰物进行伪装，便于隐蔽安装。缺点是，如果安装调整不恰当，墙外行走的人或马路上行驶的车辆及窗外树木晃动等都可能会造成误报警。在探测区域内如有过大、过厚的物体，特别是金属物体，在这些物体的后面会产生探测的盲区。由于它是以主动方式工作的，因此，当在同一室内安装数个微波探测器时，相互之间容易产生干扰。常见的一些微波多普勒探测器的工作频率多为 10.525 GHz（X– 波段）或 24.1 GHz（K – 波段）。

现行室内用微波多普勒探测器标准为《入侵探测器　第 3 部分：室内用微波多普勒探测器》（GB 10408.3—2000），该标准 2000 年 10 月 17 日发布，2001 年 6 月 1 日实施。室内用微波多普勒探测器的例行检验项目为探测范围边界，对应条款第 5.1.2 条。

（一）标准条款

5.1.2　探测范围边界

在探测器设置为最大探测距离的情况下，所达到的探测范围边界应大于等于生产厂在技术条件中给出的数值，但是大于的部分不应超出给定值的 25%。

（二）条款说明

微波多普勒探测器灵敏度高，可覆盖的探测范围比较大，但由于微波对非金属物体具有穿透性，易被金属物体反射，一旦安装方法不当或者安装位置不合理，容易引起交叉干扰，发生误报。为了更好地检验探测器的探测范围边界，同时尽可能减少探测器在实际使用中的误报警，工厂在进行例行检验时需要关注探测器的灵敏度和探测距离调节装置。如果探测器具有灵敏度和探测距离调节装置，则需要先将其设置为最大，而非实际使用中的最佳状态或默认出厂状态，随后再进行探测范围的例行检验。在最大状态条件下，探测器一方面在规定电压及安装条件下应能达到说明书或技术条件中规定的探测距离的要求，另外探测范围大于技术条件的部分不能超出给定值的25%。

（三）检验方法

参考目标从最大探测范围外，以约 1 m/s 的速度朝探测器移动。产生报警时，测量参考目标到探测器的距离，应大于等于生产厂说明书中给出的距离，但大于的部分不应超出生产厂给出值的25%。试验应分别在水平面和垂直面上方至少 7 个间隔均匀的方向上进行。垂直面上的试验应将探测器沿辐射轴线转动90° 后进行。

四、微波和被动红外复合入侵探测器

微波和被动红外复合入侵探测器，是一种将微波和被动红外两种入侵探测单元组合于一体，且当两者都感应到人体的移动同时处于报警状态时才发出报警信号的装置。它具有微波和被动红外两种独立的探测技术做双重鉴证，必须同时感应到入侵者红外热辐射源的变化及相对运动时，才触发报警，从而避免了单一技术探测器因受环境干扰而导致的误报警。它既具备了微波、被动红外探测器的优点，又克服了各自的缺点，从而减少了误报率，提高了工作可靠性，有时也被称为"（微波和红外）双鉴探测器"。双鉴探测器的探测灵敏度不如单技术探测器，微波和被动红外双技术探测器对温度快速变化不如被动红外探测器灵敏，对移动物体的反应灵敏度不如微波探测器。

微波和被动红外复合入侵探测器现行标准为《微波和被动红外复合入侵探测器》（GB 10408.6—2009），该标准 2009 年 4 月 16 日发布，2010 年 1 月 1 日实施。微波和被动红外复合入侵探测器的例行检验项目为入侵探测，对应标准条款为 GB 10408.6 第 4.5.4 条，其中测试按照 GB 10408.6 第 5.3.4 条表 3 等级 1 的要求；报警性能满足《入侵探测器　第 1 部分：通用要求》（GB 10408.1）第 6.1.1 条要求。

（一）标准条款

4.5.4　入侵探测

参考目标按规定的步行速度、方向和姿势进行试验，三次步行测试中至少应有两次能产生报警。

5.3.4　入侵探测

5.3.4.1　试验条件

a）红外入侵单元试验条件

测试区域的墙和地板应选用符合要求的材料，该材料在 8 ~ 14μm 波长段的辐射率应不小于 0.8，且至少应覆盖在人体参考目标的后面和探测器的探测范围内。

b）微波入侵单元试验条件

墙和地板要求选择低微波反射率的材料。

c）安装高度

定向、幕帘和长距离探测器安装在测试区域后面墙的垂直面的中心线上，或者自由站立的装置上，探测器安装高度为 2 m 或者按产品说明书指定的高度。吸顶式探测器安装在相应的方向且步行测试区域不得少于标称探测范围的一半。如给出安装高度的范围，则应在其上、下限分别测试。如提供脉冲计数或灵敏度调节时，也应在高、低限两种状态下分别测试。

d）环境要求

试验应在室内正常环境条件下进行。探测器探测的背景温度在 23 ～ 27 ℃ 并均匀分布，在整个试验中应维持恒定，整个背景表面温度的总变化量应不大于 1 ℃（或者根据人体温度调节背景温度，使二者之差维持在 2.7 ～ 3.3 ℃）。测试环境的相对湿度为 45% ～ 75%，大气压力为 86 kPa ～ 106 kPa。也可以使用其他替代方式，但室内的硬质地面、墙壁结构和放置的物品对探测范围的影响不应超过 5%。

注：允许和人有同样微波频谱和温度的模拟测试（为避免冲突，这种方法并不推荐，优先选择人体测试）。

e）人体参考目标要求

人体参考目标高度为 160 ～ 180 cm，体重介于 60 ～ 70 kg。

f）模拟器要求

——在波长为 8 ～ 14 μm 波段时的热发射率：大于 80%；

——模拟器与背景温度的温差应介于 2.9 ～ 3.1 ℃，人体模拟器的高度为 160 ～ 180 cm；

——其他条件同人体步行测试的要求相同；

——模拟器校准参考附录 A[①]。

5.3.4.2　步行测试速度及姿势

测试级别的选择根据表3列出来的步行测试对象的速度和姿势表现来定。步测的速度应控制在 ±10% 以内。标准步测对象在启动和停止时，都应双脚并拢。步行测试在 20 s 内不能重复测试（或者根据厂商指示的时间来定）。

---

① 　编者注：引用的标准条款中所涉及的附录 A、图 B.1、图 B.2、图 B.3 等详见标准《微波和被动红外复合入侵探测器》（GB 10408.6—2009）。

表 3　步行测试速度及姿势要求

测试	等级 1	等级 2	等级 3	等级 4
边界穿越探测	必需	必需	必需	必需
速度 / (m/s)	1	1	1	1
姿势	直立	直立	直立	直立
边界内移动探测	必需	必需	必需	必需
速度 / (m/s)	0.3	0.3	0.2	0.1
姿势	直立	直立	直立	直立
快速移动探测	必需	必需	必需	必需
速度 / (m/s)	2.0	2.0	2.5	3.0
姿势	直立	直立	直立	直立
近距离探测 (m)	1.0	1.0	0.5	0.5
速度 / (m/s)	0.4	0.4	0.3	0.2
姿势	直立	直立	爬行	爬行
间歇性移动探测		必需	必需	必需
速度 / (m/s)	不需要	1.0	1.0	1.0
姿势		直立	直立	直立
灵敏度调节的影响		必需	必需	必需
速度 / (m/s)	不需要	0.3	0.2	0.1
姿势		直立	直立	爬行

5.3.4.3　边界穿越探测

图 B.1 是一个探测边界的测试点图。该图是在整个探测范围边界上以距离探测器每 2 m 的间隔分别选择的测试点，从探测器固定位置开始，到边界与探测器中轴线相交的测试点结束。在图示每侧边界上任选 4 个点，共选 12 个点进行测试。

以每个测试点与探测器的连线作为各探测点的基线。人体参考目标分别沿与基线成 ±45° 的两个方向移动。在每个测试点，从离测试点 1.5 m 开始测试，结束于之后的 1.5 m。如选择图 B.1 中的 A 点为一个测试点，A 点距探测器的距离为 2 m，图中是以 A 点为中心，从距 A 点左方 1.5 m 开始，步行至 A 点右方 1.5 m 结束；然后再从 A 点上方 1.5 m 开始，穿过 A 点步行至其下方 1.5 m 为止。步行结束后再分别选择 B、C 等测试点进行测试。

5.3.4.4 边界内移动探测

图 B.2 是一个探测边界内以边长为 2 m 方格分层次的例子。选择边界内的测试点如图 B.2 所示。

从探测器固定位置开始计算，在距探测器 4 m 的中轴线上选择第一个测试点。之后以 2 m×2 m 栅格选择其他边界内的探测点。所选探测点距探测范围边界距离不要小于 1 m。

以每个测试点与探测器的连线作为各探测点的基线。人体参考目标分别沿与基线成 ±45° 的两个方向移动。在每个测试点，从离测试点 1.5 m 开始测试，结束于之后的 1.5 m。

5.3.4.5 快速移动探测功能

这里要进行 3 种步行测试。其中两个测试要从区域边界的外面开始，行进方向与探测器中轴线成 ±45° 的方向进行步测，如图 B.3 所示。第三种测试在距探测器正前方 2 m 远，平行于探测器安装平面步测。

人体参考目标会通过所有指定的探测区域，行进在每条路径的最后（通常是到边界处），人体参考目标会暂停至少 20 s，接着返回开始测试点。

5.3.4.6 间歇性移动探测功能

该测试包括两种步行测试方向通过整个探测区域，如图 B.3。

步行测试开始于探测范围边界外，按照图 B.3 箭头指示的方向行进（行进方向与探测器中轴线成 ±45° 的两个方向进行步测），跨越整个探测范围。

人体参考目标直立开始间歇性步行，以 1 m/s 的速度移动 1 m 的距离，然后静止 5 s。重复以上方式，直到离开探测器的探测范围为止。

进行第二个方向测试前要暂停至少 20 s，然后按照以上的测试方式进行。

5.3.4.7 近距检测

该测试需要进行两个方向的测试，从左至右然后从右至左往返检测，且两个方向均是开始和结束于探测区域边界外，如图 B.4 所示。测试开始于探测边界外，行进线与探测器的距离分两种：等级 1 和等级 2 距离探测器参考线（1.0±0.2）m，等级 3 和等级 4 距离探测器（0.5±0.05）m 远，或者制造商所声明的最近的探测边界（但不能大于该等级所规定的距离）。

测试时人体参考目标会通过指定区域，在每条路径的最后，人体参考目标会暂停至少 20 s，接着返回开始测试点。

5.3.4.8 检验探测器灵敏度控制调节的影响（无此功能的探测器可不做此检测）

根据厂商声明的探测边界上选择测试点，按图 B.1 和图 B.2 及 5.3.4.3 和 5.3.4.4 在边界内选择测试点。只用厂商声明的最大值和最小值来设置控制调节和结果范围以及覆盖角度。

以每个测试点与探测器的连线作为各探测点的基线。人体参考目标分别沿与基线成 ±45° 的两个方向移动。在每个测试点，从离测试点 1.5 m 开始测试，结束于之后的 1.5 m。

人体参考目标会根据每个路径从开始到结束移动。在每条路径的最后，人体参考目标会暂停 20 s 后返回开始测试点。

6.1.1 性能

探测器应能在规定的电源电压范围内和规定的环境条件下达到规定的性能。

当探测器产生报警状态时，该状态应至少保持 1 s。

当探测器安装在系统中时，探测器的环境条件是指它附近的环境条件。通电后在 60 s 内探测器应满足其运行要求。

（二）条款说明

当微波和被动红外两个入侵探测单元同时处于报警状态时，探测器才发出报警信号的装置。因此，微波和被动红外复合入侵探测器的探测范围是微波与被动红外相重叠部分。

微波和被动红外复合入侵探测器的入侵探测优先采用人体测试。工厂应配置有步行测试区域，测试人员按"步行测试速度及姿势要求"一表中等级 1

规定的步行速度、方向和姿势进行边界穿越探测、边界内移动探测、快速移动探测和近距离探测试验。探测器产生报警状态时，该状态应至少保持 1 s。

（三）检验方法

由于 GB 10408.6 第 5.3.4 条中已有详细阐述，且本部分"四、微波和被动红外复合入侵探测器""（一）标准条款"中也已经做了引用说明，此处就不再重复叙述。

五、振动入侵探测器

振动入侵探测器是一种在探测范围内能对入侵者引起的机械振动（冲击）产生报警信号的装置。一般由振动传感器、信号处理器组成。振动传感器将因各种原因所引起的振动信号转变为模拟电信号，此电信号再经信号处理器进行适当的加工处理后，转换为可以被报警控制电路接收的电信号。当引起的振动信号超过一定的强度时，即触发报警。用于安全防范系统的振动入侵探测器常见的有触点式、压电陶瓷式和电动式振动探测器。振动入侵探测器基本上属于面控制型探测器，既有可以用于室内，也有可以用于室外的周界报警。振动入侵探测器优点是在人为设置的防护屏障没有遭到破坏之前，就可以做到早期报警。但在室外使用电动式振动探测器，特别是泥土地，在雨季（土地松软）、冬季（土地冻结）时，由于不能很好地传送振动波，探测能力会大大下降。此外，振动探测器安装的位置易受外界振动源的影响，导致因遇风吹等原因引起的物体晃动，从而产生误报。电动式振动入侵探测器多用于室外掩埋式周界报警系统中，其探测灵敏度比压电晶体振动探测器的探测灵敏度高，但其磁铁和线圈之间随着使用时间的增加会逐渐磨损、老化而性能变差。

振动入侵探测器现行标准为《振动入侵探测器》（GB/T 10408.8—2008），该标准为 2008 年 9 月 24 日发布，2009 年 8 月 1 日实施。振动入侵探测器的例行检验项目为报警功能，对应标准条款为 GB/T 10408.8—2008 第

5.2.1 条，其中报警性能满足 GB 10408.1 第 6.1.1 条要求。

（一）标准条款

5.2.1　报警功能

5.2.1.1　地音振动入侵探测器

单人在规定的探测范围内行走，符合表 1 的规定时，探测器应产生报警信号。

5.2.1.2　建筑物振动入侵探测器

在探测范围内，当有人用工具对建筑物进行打击，符合表 1 规定时，探测器应产生报警信号。

5.2.1.3　保险柜振动入侵探测器

当使用普通机械工具、电动工具等对装有振动入侵探测器的保险柜进行破坏性开启时引起的机械振动（冲击），符合表 1 规定时，探测器应能响应且产生报警信号。

5.2.1.4　ATM 机振动入侵探测器

当使用普通机械工具、电动机械工具等，对装有振动入侵探测器的 ATM 机进行破坏性开启时引起的机械振动（冲击），符合表 1 规定时，探测器应能响应且产生报警信号。

表 1　报警响应数据

名称	单位	振动入侵探测器类别			
		地音	建筑物	保险柜	ATM 机
冲击脉冲宽度	ms	1.0 ~ 10.0	0.2 ~ 5.0	0.1 ~ 1.0	0.1 ~ 1.0
加速度	m/s^2	$\geqslant 10$	$\geqslant 200$	A. 二层薄钢板加沙石水泥型结构的 $\geqslant 200$ B. 厚钢板型的结构 $\geqslant 600$	$\geqslant 800$

6.1.1 性能

探测器应能在规定的电源电压范围内和规定的环境条件下达到规定的性能。

当探测器产生报警状态时，该状态应至少保持1 s。

当探测器安装在系统中时，探测器的环境条件是指它附近的环境条件。通电后在60 s内探测器应满足其运行要求。

（二）条款说明

按照警戒和防护的对象不同，振动探测器分为：地音振动入侵探测器、建筑物振动入侵探测器、保险柜振动入侵探测器和ATM机振动入侵探测器4类。生产者和生产企业应明确产品属于哪一类振动探测器并在产品说明书中示出。尽管引起振动的原因可能有多种多样，由各种振动形式所引发的振动频率、振动周期、振动幅度也各不相同，但当机械振动（冲击）的冲击脉冲宽度和加速度符合报警响应数据表中的规定时，对应类别的探测器应能响应且产生报警信号。产生报警状态时，探测器报警状态应至少保持1 s。

（三）检验方法

本项目的检验一般采用模拟试验环境和装置。模拟试验场所除远离振动干扰源≥200 m之外，可选楼房地下一层20 m² 的房间，水泥地板。模拟试验装置由玻璃试验板、玻璃球、垫块、振动探测仪组成。试验装置如图4-2所示。垫块应位于玻璃板外，紧贴玻璃板边缘，以消除垫块对玻璃板冲击振动时的影响。试验时将垫块载有玻璃球的台阶调整到对准玻璃板某固定刻度位置，再释放玻璃球，每次更换不同高度，垫块均应遵循这一原则，尽量保证玻璃球落点接近同一位置。

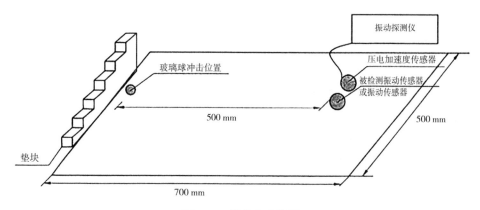

图 4-2　模拟实验装置

1. 模拟试验方法

将带有振动传感器的探测器或单独振动传感器放置在一块长 700 mm、宽 500 mm、厚 5 mm 的模拟试验玻璃板一端（参考图 4-2），在距其 500 mm 处码放垫块。对于地音振动入侵探测器，试验时将 2 个 Φ16 mm 的玻璃圆球（或橡胶球）在 2 s 内连续从垫块上轻轻推下；对于建筑物振动入侵探测器，试验时将 3 个 Φ16 mm 的玻璃球在 2 s 内连续从垫块上轻轻推下，观测探测器是否发生报警状态。垫块的厚度可以调整为 5 mm、10 mm、20 mm、30 mm、40 mm、50 mm，在某一高度达到规定加速度值时应产生报警状态（试验中允许调整灵敏度，试验时人勿走动）。

对于保险柜振动入侵探测器和 ATM 机振动入侵探测器，试验时可以用 3 个 Φ19 mm 的玻璃球在 2 s 内连续向放置探测器的长 700 mm、宽 500 mm、厚 10 mm 的玻璃板自由冲击，观测探测器是否发生报警状态。

加速度测量可以通过油膏将压电加速度计和振动探测器粘接在玻璃板上，其灵敏轴垂直于玻璃板平面，并放在探测器旁边的由高灵敏度压电加速度计、专用电荷放大器、峰值电压表组成的振动测量系统来完成。振动测量系统如图 4-3 所示。

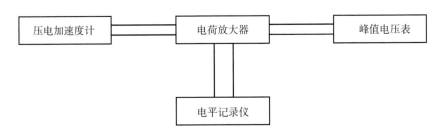

图 4-3　振动测量系统

2. 冲击台方法

除了通过从垫块上推下玻璃球或使玻璃球连续向放置探测器的玻璃板进行自由冲击的模拟试验方法之外，建筑物、保险柜和 ATM 机振动入侵探测器也采用冲击台进行试验。将探测器放置在冲击台上，调整冲击台使其产生符合报警响应数据表规定的冲击脉冲宽度和加速度的简单脉冲，观测探测器是否发生报警状态。

六、室内用被动式玻璃破碎探测器

被动式玻璃破碎探测器是指传感器被安装在玻璃表面，能够对玻璃破碎时通过玻璃传送的冲击波做出响应的一种探测器。玻璃破碎探测器适用于需要警戒玻璃防碎的场所，除保护一般门、窗玻璃外，对大面积的玻璃橱窗、展柜、商亭等均能进行有效控制。玻璃破碎探测器容易受近距离噪声干扰源的影响，如尖锐的金属撞击声、铃声、汽笛的啸叫声等，均可能使其产生误报警。

室内用被动式玻璃破碎探测器现行标准为《入侵探测器　第 9 部分：室内用被动式玻璃破碎探测器》（GB 10408.9—2001），该标准为 2001 年 11 月 16 日发布，2002 年 8 月 1 日实施。

室内用被动式玻璃破碎探测器的例行检验项目为报警功能，对应标准条款为 GB 10408.1 第 6.1.1 条，其中"通电后 60 s 内探测器应满足其运行要求"

不做检测。

（一）标准条款

6.1.1　性能

探测器应能在规定的电源电压范围内和规定的环境条件下达到规定的性能。

当探测器产生报警状态时，该状态应至少保持 1 s。

（二）条款说明

由于玻璃破碎这种状态的不确定性，以及玻璃破碎产生信号的多变性，不可能对被动式玻璃破碎探测器的性能加以精确限定。工厂可以按照 GB 10408.9—2001 中 6.3.1 和 6.3.2 规定的试验方法进行评定，也可以根据探测器的性能机制提出行之有效的例行检验方法。例如，对于音频型玻璃破碎探测器，可以考虑采用玻璃破碎仿真设备来进行例行检验：敲击玻璃时制造一个低频声音信号，使玻璃破碎仿真设备生成一个玻璃破碎时发出的高频声音响应，观察探测器是否产生报警。但要注意探测器产生报警状态时，该状态应至少保持 1 s，以确保在接入报警控制器时，控制器能够可靠接收到探测器产生的报警信号。

七、磁开关入侵探测器

磁开关入侵探测器一般由开关盒和磁铁盒构成。当磁铁盒相对于开关盒移开或移近至一定距离时，能引起装置开关状态变化。磁开关入侵探测器开关盒的触点由于密封在充有惰性气体的玻璃管中，避免了空气中尘埃、水汽或其他污染源的污染、氧化和腐蚀，从而提高了触点工作的可靠性和寿命，一般其可靠通断的次数可达 10^8 次以上。此外，磁开关入侵探测器体积小、耗电少、使用方便、价格便宜，而且动作灵敏，抗腐蚀性能又好，应用广泛。

但普通磁开关入侵探测器的性能易受导磁物质的影响，所以不宜在钢、铁物体上直接安装，必须安装时，应采用钢门专用型磁控开关。

磁开关入侵探测器现行标准为《磁开关入侵探测器》（GB 15209—2006），该标准为 2006 年 4 月 30 日发布，2007 年 1 月 1 日实施。磁开关入侵探测器的例行检验项目为探测间隙，对应标准条款为 GB 15209—2006 第 5.3.1 条。

（一）标准条款

5.3.1 探测间隙要求

在正常大气条件下，按产品说明书的规定进行安装，磁开关的探测间隙应符合产品说明书中规定的标称值，并应符合 4.2 的规定。

（二）条款说明

磁开关的探测间隙指磁铁盒与开关盒相对移开或移近至开关状态发生变化时的距离，可分为：A 档：大于 20 mm；B 档：大于 40 mm；C 档：大于 60 mm。

（三）检验方法

将磁开关放在非磁性的台子上按有关规定进行安装并接入试验电路（图 4-4），然后逐渐移开磁铁盒直至发光二极管状态发生变化，记下此时磁铁盒与开关盒之间的距离，试验重复 3 次，取其最小值。

本探测间隙的试验方法，为 GB 15209—2006 标准中的试验方法，对于无线磁开关而言，由于市场上大部分磁开关入侵探测器均具有报警指示灯，因此，就为工厂例行检验提供了一种更为简单快速的方法，可以采用工装或通过人工方式逐渐移开磁铁盒和开关盒直至报警指示灯状态发生变化，观察此时磁铁盒与开关盒之间的距离是否满足标称值及标准的规定，而无须接入试验电路。

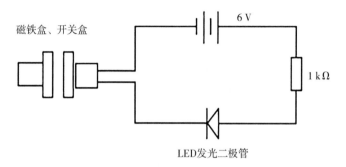

图 4-4 分隔间隙试验电路

八、其他类入侵探测器

实际上常见的入侵探测器种类很多，如光纤振动入侵探测器、遮挡式微波入侵探测器、激光对射入侵探测器、超声波入侵探测器、周界入侵目标探测产品（如张力式电子围栏、高压脉冲电子围栏、泄漏电缆等）等。强制性认证产品目录范围中所要求的其他类入侵探测器一般指功能、性能增强型和与其他设备集成的入侵探测器产品，如光纤振动入侵探测器等。根据认证实施规则和细则的要求，其他类入侵探测器的例行检验考核重点是探测范围 / 报警功能，其产品的功能和性能应能符合 GB 10408.1 第 6.1.1 条及产品说明书的具体要求。工厂应该根据自身产品的功能和性能，结合实际产品情况，确定合适的检验方法，形成产品例行检验作业指导文件。对于部分具有国家或行业标准的产品，应结合相关标准中的报警功能和探测性能的条款。

在此列出部分现行有效的常见的入侵探测器国家或行业标准，以供参考：

《入侵探测器　第 2 部分：室内用超声波多普勒探测器》GB 10408.2—2000；

《遮挡式微波入侵探测器技术要求》（GB 15407—2010）；

《脉冲电子围栏及其安装和安全运行》（GB/T 7946—2015）；

《泄漏电缆入侵探测装置通用技术要求》（GA/T 1031—2012）；

《张力式电子围栏通用技术要求》（GA/T 1032—2013）；

《激光对射入侵探测器技术要求》（GA/T 1158—2014）；

《光纤振动入侵探测器技术要求》（GA/T 1217—2015）；

《甚低频感应入侵探测器技术要求》（GA/T 1372—2017）。

九、防盗报警控制器

防盗报警控制器现行版本标准为《防盗报警控制器通用技术条件》（GB 12663—2001），新版防盗报警控制器的标准已于 2019 年 10 月 14 日正式发布，标准名称为《入侵和紧急报警系统 控制指示设备》（GB 12663—2019）。GB 12663—2019 将替代原 2001 版标准，并将于 2020 年 11 月 1 日起正式实施。新版标准的正式实施必将会使防盗报警产品认证实施规则，尤其是涉及防盗报警器的部分认证规则发生变化，在此希望广大获证企业能及时关注标准变化。但由于防盗报警产品认证实施规则目前尚未发布和实施，因此，我们仍主要结合现行版本防盗报警控制器标准进行相关分析。新版防盗报警控制器标准的内容将在本章第 4 节专门进行解读和浅析。

防盗报警控制器的强制性认证依据标准及检测项目以 GB 12663—2001 中 A 类为主，根据产品类型的不同增加异地报警、电话线断线报警、欠压报警等要求。防盗报警控制器例行检验的检验项目为功能检查，即包括设置警戒、解除警戒、报警输入分类、报警输出 4 个项目。在检验中，除有特殊说明，一般都会把控制器连接能正常操作所需要的各种设备，由正常主电源（AC）供电，并且装上合适容量的备用电池。在其每路输出连接适当的监控设备，并且连接正常使用的典型负载。在其输入连接能模拟在正常使用中需要连接的装置，一种类型的探测回路输入连接一个典型探测器或者探测回路输入端连接终端电阻，通过人工模拟报警信号输入。

（一）设置警戒（对应 GB 12663—2001 第 5.2.2.3 条）

1. 标准条款

5.2.2.3　设置警戒

a）防盗报警控制器应能使用 5.2.2.1 中的授权装置和／或用户密码进行设置警戒，也可以用单一按键快速设置警戒。

b）防盗报警器设置警戒（除使用遥控器或门锁钥匙外）时，应有退出延时，延时期间应给出指示，也可以从保护区外面用一个退出终结装置结束延时；退出延时应为 100 s 或可调（1 ~ 255 s）。

c）如果设置警戒没有成功，应给出相应指示。

2. 条款说明

①在设置警戒时防盗报警控制器除可以通过控制面板上的单一按键快速设置之外，可以使用授权的机械钥匙，或使用授权的遥控装置、密码键盘、感应卡读卡装置等承载数字钥匙的装置，还可以使用授权的符合标准要求规定的包含生物特征信息的生物钥匙（装置）等。

②退出延时，用于使授权人员在防盗报警控制器设置警戒后，能在预留的时间内正常退出防护区域而不触发系统报警。退出延时应为固定 100 s 或可调（1 ~ 255 s），延时期间防盗报警控制器应能给出声／光指示，以提示相关人员尽快退出。对于使用遥控器等遥控装置或使用机械门锁钥匙的，可以没有退出延时；对于以无线方式传输报警信号的防盗报警控制器也不做要求。

在这里需要特别指出的是，退出延时的设置应只对延时防区生效，不应对瞬时防区、24 h 防区等产生影响，即当防盗报警控制器退出延时期间，收到瞬时报警、防拆报警或紧急报警信号，仍应能立即发出相关报警信号，否则是不符合标准要求的。

③如果设置警戒没有成功时，应给出声／光指示。

3. 检验方法

本检验项目以人工操作判定为主。使防盗报警控制器处于解除警戒状态下，按制造商提供的产品说明书进行设置警戒操作，观察报警控制器的动作和响应，以及退出延时。使防盗报警控制器再次处于解除警戒状态下，模拟入侵探测回路不正常等不能设置警戒的情况，再次尝试设置警戒操作，观察报警控制器的动作和响应。

（二）解除警戒（对应 GB 12663—2001 第 5.2.2.6 条）

1. 标准条款

5.2.2.6　解除警戒

a）防盗报警控制器的设置警戒状态，只能用 5.2.2.1 中授权的装置和 / 或用户密码、有效卡等解除警戒，不能用控制面板上的单一按键进行解除警戒；

b）解除警戒（除使用遥控器或门锁钥匙外）前，应有进入延时，延时期间应给出指示；进入延时应为 40 s 或可调（1 ~ 255 s）。

2. 条款说明

①为了防止非授权人员的非法操作或用户无意识的误操作而使防盗报警控制器解除警戒，与设置警戒时不同，防盗报警控制器不能通过控制面板上的单一按键快速解除，仅可使用授权的机械钥匙、遥控装置、密码键盘、读卡装置或其他装置。

②进入延时，用于使授权人员能在设置的时间内正常进入防护区域并撤防而不触发系统报警。进入延时应为固定 40 s 或可调（1 ~ 255 s），延时期间防盗报警控制器应能给出声 / 光指示，以提示相关人员尽快完成解除警戒操作。对于使用遥控器等遥控装置或使用机械门锁钥匙的，解除警戒前可以没有进入延时；对于以无线方式传输报警信号的防盗报警控制器也不做要求。

与退出延时相同，这里的进入延时设置同样也应只对延时防区发生效力，而不能对瞬时防区、24 h 防区等产生影响，即进入延时期间，防盗报警控制器收到瞬时报警、防拆报警或紧急报警信号，仍应能立即发出相关报警信号，否则是不符合标准要求的。

3. 检验方法

本检验项目以人工操作判定为主。对处于设防状态的防盗报警控制器按制造商提供的产品说明书进行解除警戒操作，观察报警控制器的动作和响应，以及进入延时。

（三）报警输入分类（对应 GB 12663—2001 第 5.2.3.1 条 A 级要求）

1.标准条款

5.2.3.1　报警输入分类

a）瞬时报警

接收到入侵探测器的报警信号后：

——立即产生报警指示，A 级、B 级、C 级要求；

——应能发送报警信号到远程监控站（此时上一项可以不要求），B 级、C 级要求。

b）防拆报警

包括两个方面，其一防盗报警控制器应有能接受探测器防拆报警信号的接口，其二防盗报警控制器及其辅助设备应有装在机壳盖里面的防拆探测装置；当打开探测器或防盗报警控制器机盖时或防盗报警控制器被移离安装表面时，应不受防盗报警控制器所处状态和交流断电影响，提供 24 h 防拆报警。

（1）在解除警戒状态下，应能给出本地防拆报警指示，A 级、B 级、C 级要求；

（2）在设置警戒状态下：

1）应能发出本地防拆报警指示，A 级要求；

2）不应发出本地防拆报警指示，应能发送报警信号或防拆状态信号到远程监控站，B 级、C 级要求。

c）防破坏报警

（1）当与防盗报警控制器互连的报警探测回路发生断路、短路时，应立即发出报警；当报警探测回路为阻性，并接任何阻性负载时，应立即发出报警或不能破坏防盗报警控制器正常报警功能，A 级、B 级、C 级要求。

（2）防盗报警控制器与辅助控制设备的互联线路发生断路、短路时，应立即发出报警，C级要求。

d）延时报警

A级、B级、C级要求。

e）紧急报警

不受防盗报警控制器所处状态和交流断电影响，提供24 h紧急报警。紧急报警只能发送报警信号到远程监控站，B级、C级要求。

2.条款说明

①瞬时报警需要注意的是：一旦设置警戒，瞬时防区一经触发就应立即发出报警，即使防盗报警控制器是处于退出或进入延时期间。

②防拆报警包括了两个方面的含义：一方面是要具有接受探测器防拆报警信号的接口；另一方面是防盗报警控制器及其辅助设备本身具有防拆。一旦接收到探测器防拆报警信号或控制器本身防拆被触发时，都应能立即给出防拆报警，不受防盗报警控制器是否处于设置警戒状态的影响，也不受报警控制器是否处于交流断电状态影响。即报警控制器即使是在解除警戒状态下，抑或是交流断电（仅通过备用电源供电）时，一旦接收到探测器防拆报警信号或主机防拆端口被触发后就应立即给出防拆报警指示。

这里需要注意的是，报警控制器的辅助设备（如控制键盘等）也应有装在机壳盖里面的防拆探测装置。此外，异地报警的防盗报警控制器防拆报警时不应发出本地防拆报警指示，应能发送报警信号或防拆状态信号到远程监控站。

③探测回路应具有终端匹配电阻，以确保在探测回路上并接阻性负载时，应立即发出报警或不能破坏防盗报警控制器正常报警功能。

④延时报警：退出延时应为100 s或可调（1～255 s），进入延时应为40 s或可调（1～255 s）。延时报警应只针对设置有延时的防区生效，不应对其他包含瞬时防区、24 h防区在内的防区等产生延时影响。

⑤紧急报警同防拆报警一样，应能提供24 h报警。一旦接收到探测器防拆报警信号或控制器本身防拆被触发时，都应能立即给出防拆报警，不受防

盗报警控制器是否处于设置警戒状态的影响，也不受报警控制器是否处于交流断电状态影响。

原则上防盗报警控制器例行检验只需要满足该标准条款中的 A 级要求即可，但当出现以下几种情况时，还需符合认证实施细则及对应标准条款规定的相关要求。

①具有电话报警功能的产品，应有电话线断线报警功能。

②接收无线探测器报警信号的产品"防破坏报警"不做检测。

③具有远程监控站的防盗报警控制器（异地报警的防盗报警控制器），应能发送报警信号或防拆状态信号到远程监控站；防盗报警控制器与辅助控制设备的互联线路发生断路、短路时，应发送报警信号到远程监控站。

3. 检验方法

本检验项目仍是以人工操作判定为主，并接负载试验需要用到可变电阻器，防拆试验会用到 1 mm 厚塑料薄片。

①在设置警戒状态下，触发某一路入侵探测回路报警，监测报警输出；在解除警戒状态下，触发紧急报警，监测报警输出；触发退出延时和进入延时，观察退出 / 进入延时。

②防盗报警控制器按制造商提供的产品说明书安装固定后，使其处在设置警戒状态和解除警戒状态，且防拆回路工作正常。a. 用正常手段打开机盖；b. 使用常用工具如螺丝刀，在机壳没有受到明显损伤的情况下，打开机盖或使机壳变形，破坏机内防拆装置，阻止其触发报警。监测报警输出。

安装在平整的水平板上，使防盗报警控制器处在设置警戒状态或解除警戒状态，用 1 mm 厚塑料薄片插进机壳和水平板的间隙中，然后将受试设备和薄片一起慢慢地移离水平板，企图阻止防拆探测装置触发报警。监测报警输出。

③进行防破坏报警试验。a. 使某一入侵报警探测回路发生断路、短路；b. 在入侵报警探测回路进行并接负载试验，使用可变电阻改变终端负载的阻值使其达到额定的 60% 或 140%；c. 使防盗报警控制器与辅助控制设备的互联发生断路、短路。监测防盗报警控制器是否正确给出报警指示。

（四）报警输出（对应 GB 12663—2001 第 5.2.3.5 条 A 级要求）

1. 标准条款

5.2.3.5　报警输出

防盗报警控制器应有报警电压输出或输出接点，应在产品标准中注明其电压数值或接点容量，A 级、B 级、C 级要求。

2. 条款说明

在例行检验中，只需要关注防盗报警控制器是否具有报警电压输出或输出接点，具有向互连的入侵探测器或辅助设备供电的能力，并应在机身上或产品说明书中等处注明其输出的电压数值或接点容量。本项目对于以无线传输方式传输报警信号的防盗报警控制器不做要求。

3. 检验方法

作为例行检验的项目，本检验项目以人工操作判定为主，目视检查控制器机身上或产品说明书中是否具有报警电压输出接点，并已注明报警输出的电压数值或接点容量。

在实际生产过程中，考虑到生产效率等因素，部分企业会通过制作工装夹具，运行在线测试软件，模拟报警信号输入并监控和观察在每路输出的响应来实现设置警戒、解除警戒、报警输入分类、报警输出功能验证快速检验。

第三节　防盗报警产品确认检验的方法

批量生产确认检验是验证产品在批量生产过程中，其主要功能和性能持续符合标准要求进行的抽样检验。确认检验至少应进行功能、性能、环境适应性、电磁兼容性、安全性等试验项目。防盗报警产品的确认检验一般按照《强制性产品认证实施规则　防盗报警产品》（CNCA-C19-01：2014）和《强制性产品认证实施细则　防盗报警产品》（TRIMPS-C19-01：2019，公安部第三研究所 2020 年 9 月 1 日发布实施）中的认证依据标准及检测项目进行。本部分将结合相关防盗报警产品的标准，对几种入侵探测器产品中具有共性的确认检验项目和防盗报警控制器产品电磁兼容性、安全性等试验项目从检测要求、主要检验仪器及设备、试验方法、记录内容、判据（判定方法）5 个方面进行大致介绍，仅供参考使用。

工厂或相关检验机构在开展防盗报警产品检测时，一般要求：

①试验用仪器及设备运行良好，加电预热 3 min 待仪器及设备稳定后实施测试。

②有试验数据应在示值稳定后读取，取值小数点后 1 位（另有说明除外），试验取值至少重复 3 次，并对数据进行修约和不确定度处理，确保数据准确、可靠、可重现。

③功能性检测，试验至少重复 3 次。

对于测量设备准确度的一般要求为：

①电压测量装置：不低于 0.5 级；

②电流测量装置：不低于 0.5 级；

③温度测量装置：±0.5 ℃；

④时间测量装置：±0.1%；

⑤尺寸测量装置：±0.1%；

⑥质量测量装置：±0.1%；

⑦风速测量装置：±3%。

测试过程中，对部分仪器的参数控制精度要求如下：

①电压：±1%；

②电流：±1%；

③温度：±2 ℃。

入侵探测器产品一般试验环境条件为：

①温度：15 ~ 30 ℃；

②相对湿度：45% ~ 75%；

③大气压力：86 kPa ~ 106 kPa。

入侵探测器一般试验场地要求为：进行室内用探测器测试的场地应比制造商规定的产品探测距离大 3 m 以上；进行室外用探测器测试的场地应比探测器的最大射束距离大 3 m 以上。场地内无障碍物。对被动式（即振动式）玻璃破碎探测器产品，应按 GB 10408.9—2001 中第 6.1 条图 1、第 6.3.1 条图 2 定制试验装置；对采用音频式等不直接安装在玻璃表面的被动式玻璃破碎探测器产品，试验场地应比其产品最大探测距离长 3 m，被探测区域内无障碍物、无空调设备等干扰源或关闭此类设备（试验时）。

防盗报警控制器产品一般试验环境条件为：

①温度：15 ～ 30 ℃；

②相对湿度：45% ～ 75%；

③大气压力：86 kPa ～ 106 kPa。

试验条件有另外限制时，以"特殊试验条件"明示。

试验条件需记录试验环境温度、相对湿度，必要时还应记录天气状况、试验时探测器样品安装高度、样品最大探测距离等。

一、入侵探测器

1 标志、外壳防护等级

1.1 标志

a）检测要求（对应标准条款 GB 10408—2000 第 6.7 条）：

探测器应简明和永久地标出制造商的名称（或符号）及产品的型号。

如果设计允许，探测器应简明和永久地标出下列附加信息：

—产品序列号；

—制造日期（可使用代码）；

—电源规格即标称电压、电流和频率。

如果设计不允许，则应在产品说明书或包装中给出上述信息。

探测器的接线端子和引线应用编号、颜色或其他方法加以分辨。

b）检测用仪器及设备：人工判定。

c）试验方法：目视检查探测器的标识标志、说明书或包装、接线端子和引线等。

d）记录：检测结果。

e）判据：产品标识标志等信息应符合 GB 10408—2000 第 6.7 条的技术要求。

1.2　外壳防护等级

a）检测要求（对应标准条款 GB 10408—2000 第 6.6 条）：IP41。

b）检测用仪器及设备：试指试具、防垂直滴水试验装置。

c）试验方法：用直径 1.0 mm 的试验金属线试探机壳上能接触到的孔，试验用力（1.0±0.1）N；防滴水试验：滴水量 1.0～1.5 mm/min，试验持续时间 10 min。

d）记录：检测结果。

e）判据：试验金属线不得进入壳内，并与带电部分保持足够的间隙；滴水试验后，如果机壳内进水，则进水不应影响产品正常工作或破坏安全性；水不应聚集在可能导致沿爬电距离引起漏电起痕的绝缘部件上；水不应进入带电部件；水不应聚集在电缆头附近或进入电缆。

2　接口能力

a）检测要求（对应标准条款 GB 10408—2000 第 6.6 条）：探测器应配备无电位常闭触点，报警时触点打开，除非制造商另有规定。

b）检测用仪器及设备：直流稳压电源、数字万用表。

c）试验方法：探测器加电处于工作状态，触发探测器使其处于报警状态。

d）记录：探测器报警状态前后，报警输出触点的状态变化情况。

e）判据：应为常闭触点，除非制造商另有规定。

3　环境适应性

3.1　振动（正弦）

a）检测要求（对应标准条款 GB 10408—2000 第 6.2.3 条）：探测器应能

经受 GB/T 15211—1994 A-4 严酷等级 1 的振动试验，试验后功能正常。

b）特殊试验条件：探测器加电，灵敏度调节到最大，脉冲计数次数按生产商的建议设置。试验频率范围：10 ~ 55 Hz；位移幅值：0.35 mm；轴向数：3；每个轴向的循环扫频次数：3 次；试验时间：一次循环 5 min。

c）检测用仪器及设备：振动试验台。

d）试验方法：试验循环结束后，检测内部元器件、结构件损坏情况和报警功能。

e）记录：损坏情况，报警功能。

f）判据：无损坏，功能正常。

3.2　碰撞

a）检测要求（对应标准条款 GB 10408—2000 第 6.2.7 条）：探测器应能经受 GB/T 15211—1994 A-16 严酷等级 1 的碰撞试验，试验后功能正常。

b）特殊试验条件：探测器加电，灵敏度调节到最大，脉冲计数次数按制造商的建议设置。打击能量：1.9 J；打击速度：（1.5±0.125）m/s；方向数：2；每个方向打击次数：1 次。

c）检测用仪器及设备：打击锤、直流稳压电源。

d）试验方法：受试设备安装在安装板上，锤头从水平方向打击外碰撞损坏的部位，安装板上水平转动 90°，重复同样操作。试验结束后，检查内部元器件、结构件损坏情况和报警功能。

e）记录：损坏情况，报警功能。

f）判据：无损坏，功能正常。

4　电磁兼容

4.1　电快速瞬变脉冲群抗扰度 [电尖峰（脉冲）]

a）检测要求（对应标准条款 GB 10408—2000 第 6.2.4 条）：探测器应能经受相当于 GB/T 17626.4 严酷等级 1 的脉冲干扰，试验后功能正常。

b）特殊试验条件：灵敏度调节到最大，脉冲计数次数按生产商的建议设置。除参考地平面外，受试探测器距其他导电结构距离不小于 0.5 m。电源线长不超过 1 m。

c）检测用仪器及设备：脉冲信号发生器、直流稳压电源。

d）试验方法：试验按照《电磁兼容 试验和测量技术 电快速瞬变脉冲群抗扰度试验》（GB/T 17626.4）在电源线上和 / 或信号输入线上 / 输出线上按照试验等级 1 进行。电压峰值：±0.5 kV（电源接口）、±0.25 kV（信号输入 / 输出、数据和控制接口）；重复频率：5 kHz；试验持续时间：2 min。

e）记录：试验过程中报警状态。

f）判据：不产生漏报警和误报警。

4.2 静电放电抗扰度（静电放电）

a）检测要求（对应标准条款 GB 10408—2000 第 6.2.5 条）：探测器应能经受相当于 GB/T 17626.2 严酷等级 3 的静电放电干扰，试验后功能正常。

b）特殊试验条件：灵敏度调节到最大，脉冲计数次数按制造商的建议设置。

c）检测用仪器及设备：静电放电测试仪、直流稳压电源。

d）试验方法：试验按《电磁兼容 试验和测量技术 静电放电抗扰度试验》（GB/T 17626.2）中严酷等级 3 进行，空气放电：±2 kV、±4 kV、±8 kV，测试时放电电极的圆形放电头应尽可能快地接近受试设备（不要造成机械损伤）。每次放电之后，应将静电放电发生器的放电电极从受试设备移开，然后重新触发发生器，进行新的单次放电（对于每个点至少 10 次 / 极性），这个程序应当重复至放完电为止。接触放电：±6 kV，在静电放电开始之前，放电极应当接触到受试设备。受试设备需要在 1 个放电点被施加 20 次（正负各 10 次）单次放电。测试最大重复率为 1 次 /s，发生器的放电回路电缆与受试设备的距离至少应保持 0.2 m。

e）记录：试验过程中报警状态。

f）判据：不产生误报警。

4.3 射频电磁场辐射抗扰度（电磁场）

a）检测要求（对应标准条款 GB 10408—2000 第 6.2.6 条）：探测器应能

经受相当于 GB/T 17626.3 严酷等级 3 的干扰，试验后功能正常。

b）特殊试验条件：灵敏度调节到最大，脉冲计数次数按制造商的建议设置。电源线在均匀域平面内至少 0.3 m。

c）检测用仪器及设备：电磁兼容暗室，信号发生器，功率放大器，高增益对数周期天线，直流稳压电源。

d）试验方法：试验按《电磁兼容　试验和测量技术　射频电磁场辐射抗扰度试验》（GB/T 17626.3）中严酷等级 3 进行：频率范围为 80 MHz ～ 1 GHz；试验场强为 10 V/m；调制频率为 1 kHz；调制深度为 80%。

e）记录：异常及报警状态。

f）判据：无异常和报警发生。

5　安全性

5.1　阻燃

a）检测要求（对应标准条款 GB 16796—2009 第 5.6.3 条）：非金属外壳的设备，经燃烧 5 次，每次 5 s，不应烧着起火。

b）检测用仪器及设备：本生灯。

c）试验方法：采用本生灯，燃烧气体为甲烷或天然气，火焰直径 8.5 mm，其中蓝色火焰高度 20 mm，用此火焰对受试设备烧 5 次（火焰与受试设备表面的夹角为 45° 时烧 3 次，90° 时烧 2 次），每次 5 s。

d）记录：异常现象。

e）判据：撤掉火源，燃起的火自动熄灭。

5.2　交流 220 V 供电安全性

5.2.1　抗电强度

a）检测要求（对应标准条款 GB 16796—2009 第 5.4.3 条）：在主机电源插头或电源引入线与外壳裸露金属件间施加 50 Hz、1500 V 电压，保持 1 min，应不出现击穿和飞弧现象。

b）检测用仪器及设备：耐压测试仪。

c）试验方法：受试设备在相对湿度为 91% ～ 95%、温度为 40 ℃、时间为 48 h 的受潮预处理后，立即从潮湿箱中取出，在电源插头不插入电源、电源开关接通的情况下，在电源插头或电源引入端与外壳或外壳裸露金属部件之间以 200 V/min 的速率逐渐施加试验电压，测试设备的最大输出电流不小于 5 mA，在规定值上保持 1 min，不应出现飞弧和击穿现象，然后平稳地下降到零。如外壳无导电性，则在设备的外壳包一层金属导体，在金属导体与电源引入端间施加试验电压应符合上述要求。

采用开关电源工作的设备，抗电强度用如下方法进行试验：对于不接地的可触及部件应假定与接地端子或保护接地端子相连接；对于变压器绕组或其他零部件是浮地的情况，则应假定该变压器或其他零部件与保护接地端子相连，来获得最高工作电压；对于变压器的一个绕组与其他零部件间的绝缘，应采用该绕组任一点与其他零部件之间的最高电压。

d）记录：异常现象。

e）判据：未出现击穿和飞弧现象。

5.2.2 绝缘电阻

a）检测要求（对应标准条款 GB 16796—2009 第 5.4.4.1 条）：电源插头或电源引入线与外壳裸露金属件间的绝缘电阻，经相对湿度为 91% ~ 95%、温度为 40 ℃、时间为 48 h 的受潮预处理后，加强绝缘的设备不小于 5 MΩ，普通绝缘的设备不小于 2MΩ，Ⅲ类不小于 1 MΩ。

b）检测用仪器及设备：绝缘测试仪。

c）试验方法：受试设备在相对湿度为 91% ~ 95%、温度为 40℃、时间为 48 h 的受潮预处理后，立即从潮湿箱中取出。在电源插头不插入电源、电源开关接通的情况下，在电源插头或电源引入端与外壳裸露金属部件之间，施加 500 V（Ⅲ类设备为 100 V）直流电压稳定 5 s 后，立即测量绝缘电阻。如外壳无导电件，则设备的外壳包一层金属导体，测量金属导体与电源引入端间的绝缘电阻。

d）记录：绝缘电阻值。

e）判据：绝缘电阻值符合相应的要求。

5.2.3 熔断器

a）检测要求（对应标准条款 GB 16796—2009 第 5.4.9 条）：应有熔断器或限制输入电流的措施。熔断器熔断时，不应使保护接地断开。熔断器的额定电流应确保到达预定温度时，能安全切断电路。

b）试验方法：根据设备的结构和原理图，按最方便的原则，依次施加在电源极性反接、输出端短路、引线间相互接错（受结构限制，不致接错的引线除外）等故障条件，检查熔断器工作状态。

c）记录：熔断器是否熔断。

d）判据：符合 a）项的要求。

6 增强和任选（通信模块）

a）检测要求（对应标准条款 GB 10408—2000 第 6.2.4 条）：使用无线传输的发射频率应满足如下要求：应在 314 MHz ~ 316 MHz、430 MHz ~ 432 MHz、433.00 MHz ~ 434.79 MHz、779 MHz ~ 787 MHz。

不在上述频率范围内的产品其发射频率应满足如下要求：

a. 获得工业和信息化部颁发的《无线电发射设备型号核准证》及《信息设备进网许可证》；

b. 微功率（短距离）无线产品应符合《中华人民共和国无线电管理条例》（2016 年 12 月 1 日实施）的相关规定。

b）检测用仪器及设备：频谱测试仪。

c）试验方法：在屏蔽室测试频率。

d）记录：发射频率。

e）判据：符合 a）项的有关要求。

二、防盗报警控制器

1 环境适应性

环境试验时，控制器应处于工作状态。

1.1 高温试验

a）检测要求（对应标准条款 GB 12663—2001 第 5.4.1 a）条）：受试设备应能耐受 GB/T 15211—1994 5.1 严酷等级 4 的高温环境试验。试验中功能正常，不应产生漏报警和误报警。

b）检测用仪器及设备：高温试验箱。

c）试验方法：受试设备暴露于高温环境之中，高温环境允许在较短的时间内形成并应模拟自然通风。用足够的时间以使温度达到稳定，测试其功能和／或对其实施监视。在试验过程的最后半小时，进行受试设备的基本功能测试。试验后，至少恢复 1 h，测试受试设备的基本功能。

d）记录：损坏情况，报警功能。

e）判据：无损坏，功能正常。

1.2 低温试验

a）检测要求（对应标准条款 GB 12663—2001 第 5.4.1 条）：受试设备应能耐受 GB/T 15211—1994 5.2 严酷等级 6 的低温环境试验。试验中功能正常，不应产生漏报警和误报警。

b）检测用仪器及设备：低温试验箱。

c）试验方法：受试设备暴露于低温环境之中并应模拟自然通风。用足够的时间以使温度达到稳定，并且测试其功能和／或对其实施监视。在试验过程的最后半小时，进行受试设备的基本功能测试（在试验温度下允许 LCD 显示看不清）。试验后，至少恢复 1 h，测试受试设备的基本功能。

d）记录：损坏情况，报警功能。

e）判据：无损坏，功能正常。

1.3 正弦振动试验

a）检测要求（对应标准条款 GB 12663—2001 第 5.4.1 d）条）：受试设备应能耐受 GB/T 15211—1994 5.4 严酷等级 1（工作）、2（寿命）的机械振动环境试验。试验中功能正常，不应产生漏报警和误报警。

b）检测用仪器及设备：机械振动台。

c）试验方法：

——严酷等级 1（工作）：受试设备安装在振动台上，每个轴向的循环扫频次数 1 次，时间 5 min，受试设备处于设置警戒状态下。

——严酷等级 2（寿命）：受试设备安装在振动台上，每个轴向的循环扫频次数 4 次，时间 20 min，受试设备不需要加电，也不需要装备用电池。试验后，测试受试设备的基本功能。然后目测受试设备外部和内部的机械损伤。

d）记录：损坏情况，报警功能。

e）判据：无损坏，功能正常。

2 电磁兼容

2.1 静电放电抗扰度（静电放电）

a）检测要求（对应标准条款 GB 12663—2001 第 5.4.2 条）：按 GB/T 17626.2 严酷等级 3 进行。试验中功能正常，不应产生漏报警和误报警。

b）检测用仪器及设备：静电放电发生器。

c）试验方法：试验包括施加静电放电到操作者能接触到的部位上和距受试设备 0.1 m 的参考地平面上（只要求间接静电放电到水平接触平面）。试验应分别在设置警戒和解除警戒两种状态下进行。试验按《电磁兼容 试验和测量技术 静电放电抗扰度试验》（GB/T 17626.2）中严酷等级 3 进行，空气放电：±2 kV、±4 kV、±8 kV。测试时放电电极的圆形放电头应尽可能快地接近受试设备（不要造成机械损伤）。每次放电之后，应将静电放电发生器的放电电极从受试设备移开，然后重新触发发生器，进行新的单次放电（对于每个点至少 10 次 / 极性），这个程序应当重复至放完电为止。接触放电：±6 kV，在静电放电开始之前，放电极应当接触到受试设备。受试设备需要在 1 个放电点被施加 20 次（正负各 10 次）单次放电。测试最大重复率为 1 次 /s，发生器的放电回路电缆与受试设备的距离至少应保持 0.2 m。

d）记录：试验过程中状态。

e）判据：试验中允许受试设备有小于 200 ms 的暂时变化，但不应产生漏报警和误报警。

2.2 射频电磁场辐射抗扰度（电磁场）

a）检测要求（对应标准条款 GB 12663-2001 第 5.4.2 b）条）：按 GB/T 17626.3 严酷等级 3 进行。试验中功能正常，不应产生漏报警和误报警。

b）检测用仪器及设备：电磁兼容暗室、信号发生器、功率放大器、高增益对数周期天线。

c）试验方法：试验应分别在设置警戒和解除警戒两种状态下进行，按《电磁兼容　试验和测量技术　射频电磁场辐射抗扰度试验》（GB/T 17626.3）中严酷等级 3：

频率范围：80 MHz ～ 1 GHz；试验场强：10 V/m；

调制频率：1 kHz；调制深度：80%。

d）记录：异常及报警状态。

e）记录：试验过程中状态。

f）判据：试验中功能正常，不应产生漏报警和误报警。

2.3 电快速瞬变脉冲群抗扰度

a）检测要求（对应标准条款 GB 12663—2001 第 5.4.2 c）条）：按 GB/T 17626.4 严酷等级 3 进行。试验中功能正常，不应产生漏报警和误报警。

b）特殊试验条件：除参考地平面外，受试验的受试设备距离其他导电结构距离不小于 0.5 m。电源线长不超过 1 m。

c）检测用仪器及设备：脉冲信号发生器。

d）试验方法：试验包括将电快速脉冲群注入受试设备的电源线上和 / 或信号输入线上 / 输出线上，应分别在设置警戒和解除警戒两种状态下进行。试验按照《电磁兼容　试验和测量技术　电快速瞬变脉冲群抗扰度试验》（GB/T 17626.4）进行。

在电源线上和 / 或信号输入线上 / 输出线上按照试验等级 3 进行。

电压峰值：±2 kV（电源线）、± 1kV（信号输入线 / 输出线端口）；

重复频率：5 kHz；

试验持续时间：2 min。

e）记录：试验过程中状态。

f）判据：不产生漏报警和误报警。

2.4 浪涌（冲击）抗扰度

a）检测要求（对应标准条款 GB 12663—2001 第 5.4.2 d）条）：按 GB/T 17626.5 要求，严酷等级：电源线不超过 3 级，直流、信号、数据、控制及其他输入线不超过 2 级。试验中功能正常，不应产生漏报警和误报警。

b）检测用仪器及设备：组合浪涌波发生器。

c）特殊试验条件：受试设备按制造商的安装说明书进行安装和连接（即不增加接地），在受试设备距耦合／去耦合网络之间电源线长不超过 1 m。

d）试验方法：试验应分别在设置警戒和解除警戒两种状态下进行，按照《电磁兼容 试验和测量技术 浪涌（冲击）抗扰度试验》（GB/T 17626.5）进行，电压峰值：±2kV（电源线）、±1kV（直流、信号、数据、控制及其他输入线端口）。

每个严酷电压等级每个极性至少施加 8 个脉冲。这些脉冲应在小于 1 Hz 速率下施加，并且相位分布大致和 AC 主电源相位相同。

相同的输入／输出（即探测回路），可以选择每种输入／输出的代表例子进行试验。

如果指明某一信号线必须使用屏蔽电缆连接的话，瞬变只能施加到屏蔽层上。每个相应严酷电压等级每个极性至少施加 20 个脉冲。这些脉冲应在小于 1 Hz 速率下施加。

e）记录：试验过程中状态。

f）判据：不产生漏报警和误报警。

2.5 电压暂降、短时中断和电压变化的抗扰度

a）检测要求（对应标准条款 GB 12663—2001 第 5.4.2 e）条）：按 GB/T 17626.11 要求，严酷等级：40%UT 10 个周期的电压暂降；0%UT 10 个周期的短时中断干扰。试验中功能正常，不应产生漏报警和误报警。

b）检测用仪器及设备：电源故障模拟器。

c）试验方法：试验应分别在设置警戒和解除警戒两种状态下进行，按照《电磁兼容　试验和测量技术　电压暂降、短时中断和电压变化的抗扰度试验》（GB/T 17626.11）：

电压：40%UT 10 个周期的电压暂降；0%UT 10 个周期的短时中断干扰；

试验次数：每项试验进行 3 次；间隔时间：10 s。

d）记录：试验过程中状态。

e）判据：不产生漏报警和误报警。

3　安全性

3.1　绝缘电阻

a）检测要求（对应标准条款 GB 12663—2001 第 5.5.2 条）：防盗报警控制器（如有电源开关，置"开"位置）电源（AC）引入端子与外壳裸露金属部件之间的绝缘电阻在正常大气压条件下应不小于 100 MΩ。湿热条件不小于 10 MΩ。

b）检测用仪器及设备：绝缘耐压测试仪。

c）试验方法：受试设备电源插头不插入电源、电源开关处在接通位置，在电源插头或电源引入端与外壳裸露金属部件之间，施加 500 V 直流电压稳定 5 s 后，立即测量绝缘电阻。如外壳无导电件，则在设备的外壳包一层金属导体，测量金属导体与电源引入端间的绝缘电阻。

先检测正常温度条件下的绝缘电阻。受试设备在 40 ℃ RH93% 48 h 受潮处理后，再检测湿热条件下的绝缘电阻。

d）记录：绝缘电阻数值。

e）判据：正常温度条件下的绝缘电阻≥ 100 MΩ，湿热条件下的绝缘电阻≥ 10 MΩ。

3.2　抗电强度

a）检测要求（对应标准条款 GB 12663—2001 第 5.5.3 条）：防盗报警控制器（如有电源开关，置"开"位置）电源（AC）引入端子与外壳裸露金属部件之间应能承受 AC50 Hz、1500 V 的抗电强度试验，历时 1 min 应无击穿和飞弧现象。

b）检测用仪器及设备：耐压测试仪。

c）试验方法：受试设备在 30 ℃ RH93% 48 h 受潮处理后，在电源插头不插入电源、电源开关接通的情况下，在电源插头或电源的引入端与外壳裸露金属部件之间以 200 V/min 的速率逐渐施加试验电压，测试设备的最大输出电流不小于 5 mA，在规定值上保持 1 min，不应出现飞弧和击穿现象，然后平稳地下降到零。如外壳无导电件，则在设备的外壳包一层金属导体，在金属导体与电源引入端间施加试验电压。

d）记录：试验过程中状态。

e）判据：无击穿和飞弧现象。

3.3　过压运行

a）检测要求（对应标准条款 GB 12663—2001 第5.5.4条）：防盗报警控制器在电源（AC）过压条件下，应无误报警、漏报警、正常工作。

b）检测用仪器及设备：数字万用表、自耦变压器。

c）试验方法：受试设备在电源（AC）电压额定值的 115% 过压条件下，以不大于 4 次 /min 的速率完成设置警戒—报警循环 50 次。

d）记录：试验过程中状态。

e）判据：无误报警和漏报警、工作应正常。

3.4　过流保护

a）检测要求（对应标准条款 GB 12663—2001 第5.5.5条）：防盗报警控制器应有过流保护措施。在变压器初级电路中所装入的保险丝其额定电流不应大于产品最大工作电流的 2 倍。对不要求区分极性的接线柱与相邻接线柱短路或反接，或碰到电源端均不应损坏设备及内部电路。

b）检测用仪器及设备：数字万用表、自耦变压器。

c）试验方法：检查熔断器容量，将受试设备施加 110% 额定电源电压，然后人为地使变压器次级短路和对区分极性的端子短路或可能引起严重电路故障的任何端子短路。有故障显示时，试验时间 2 min；没有故障显示时，试验时间 4 h。恢复熔断器后，应能正常工作。

d）记录：试验过程中状态。

e）判据：无触电或燃烧的危险。

3.5　泄漏电流

a）检测要求（对应标准条款 GB 12663—2001 第 5.5.6 条）：防盗报警控制器泄漏电流应小于 5 mA（AC、峰值）。

b）检测用仪器及设备：泄漏电流测试仪。

c）试验方法：受试设备置于绝缘台面上，用 1.1 倍的额定电源电压供电。

d）记录：试验过程中状态。

e）判据：小于 5 mA。

3.6　阻燃

a）检测要求（对应标准条款 GB 12663—2001 第 5.5.4 条）：非金属外壳的防盗报警控制器，经火焰燃烧 5 次，每次 5 s，不应烧着起火。

b）检测用仪器及设备：本生灯。

c）试验方法：采用本生灯，燃烧气体为甲烷或天然气，火焰直径 8.5 mm，其中蓝色火焰高度 20 mm，用此火焰对受试设备烧 5 次（火焰与受试设备表面的夹角为 45° 时烧 3 次；夹角为 90° 时烧 2 次），每次 5 s。

d）记录：异常现象。

e）判据：撤掉火源，燃起的火自动熄灭，不自燃起火。

第四节　新版防盗报警控制器产品标准解析

随着广大民众对社会公共安全关注度的提升，对安全需求的不断增强，入侵和紧急报警系统也得到了越来越多的重视，相关报警产品和技术也不断推陈出新并在很多场所发挥着十分重要的作用。控制指示设备（简称设备），即"防盗报警控制器"，在入侵和紧急报警系统中承担着实施设置警戒、解除警戒，负责接收、处理、记录报警信号并进行指示等众多重任，当之无愧可以称得上整个入侵和紧急报警系统中的关键设备，它的设计、制造和检验也始终是众多入侵报警系统产品生产企业的关注重点。

2019 年 10 月 14 日，《入侵和紧急报警系统　控制指示设备》（GB 12663—2019）（简称新版标准）正式发布，替代了原来 2001 版标准，并将于 2020 年 11 月 1 日起正式实施。本部分将对新版 GB 12663 标准编制背景、内容架构进行介绍，并解读新版标准主要技术内容及新老标准的差异。

一、标准编制背景

防盗报警控制器的产品标准于 1990 年 12 月首次发布，并于 2001 年进行了首次修订。现行版本标准《防盗报警控制器通用技术条件》（GB 12663—2001）（简称原标准）至今已历经二十载春秋，也一直是 2004 年以来防盗报警控制器实施强制性产品认证的认证依据标准，可以说其见证了我国防盗报警控制器技术发展壮大的历史。

新版标准的修订任务于 2012 年 10 月 11 日下达。经过多次讨论修改，新版标准在 2019 年 10 月完成并发布，并将于发布后的 12 个月正式实施。新版标准的全部技术内容为强制性，正式实施后将代替现行的《防盗报警控制器通用技术条件》（GB 12663—2001）。

新版标准由公安部全国安全防范报警系统标准化技术委员会（SAC/TC100）提出并归口，起草单位包括公安部安全与警用电子产品质量检验中心、中国安全技术防范认证中心、公安部安全防范报警系统产品质量检验测试中心、中安消物联传感（深圳）有限公司等众多从事安全防范报警系统和产品检验检测工作的权威机构及行业内知名企业。

新版标准非等效采用了 IEC 国际标准 IEC 62642-3：2010 Alarm systems-Intrusion and hold-up systems-Part 3：Control and indicating equipment（报警系统　入侵和紧急报警系统　第 3 部分：控制指示设备）。IEC 62642 "报警系

统 入侵和紧急报警系统"系列标准，是 2010 年国际电工委员会报警系统技术委员会（IEC/TC79）针对入侵和紧急报警系统前端各类入侵探测设备、报警控制指示设备、告警装备、电源、无线射频互联设备等产品发布的系列标准。由于包括通信技术、传感技术等在内的各种新技术在防盗报警控制器产品中的不断运用和创新，标准起草组在 IEC 国际标准的基础上，结合我国报警控制指示设备现状和特点，编制了新版标准。

二、标准内容架构

新版标准规定了用于入侵和紧急报警系统中的控制指示设备的产品分类及标识、安全等级、用户类别、功能要求、供电要求、安全性、环境适应性、电磁兼容、产品资料、试验方法、检验规则、标志、包装、运输、贮存要求，适用于入侵和紧急报警系统中的控制指示设备的设计、制造和检验。

从新版标准的内容架构可以看出，新版标准从控制指示设备的产品分类、技术要求到生产检验的全过程都提出了具体明确的要求，细致全面，对设备的设计、制造和检验具有很好的指导意义。

三、新版标准主要技术内容及新版与原标准的差异

新版标准与原标准最显而易见的是标准名称发生了变化，由原来的"防盗报警控制器通用技术条件"变为"入侵和紧急报警系统 控制指示设备"。除此之外，新版标准在术语和定义、产品分类、功能要求和性能要求等主要技术内容上均与原标准存在着较大的差异。

（一）术语和定义

新版标准除了采用《入侵和紧急报警系统技术要求》（GB/T 32581—2016）标准中界定的术语和定义之外，还修改了"控制指示设备""探测回路"2

个术语的定义，并增加了"机械钥匙""逻辑钥匙""个人授权代码""数字钥匙""生物钥匙""进入延时功能""退出延时功能""调试模式""逻辑分组"9个术语，用以帮助标准使用人员更好地理解，避免在标准的执行过程中对标准技术内容产生歧义。

（二）产品分类

原标准仅简单地按防护功能级别将设备分为三级：A级——较低防护功能级、B级———般防护功能级、C级——较高防护功能级。而新版标准删除了这种分级方式，对设备进行了更为细致的分类，增加了产品分类、安全等级和用户类别。

按照探测器与控制指示设备之间信号传输方式的不同，新版标准将设备分为有线型、无线型和有线/无线复合型3类。

新版标准按照防范对象所具备实施入侵或抢劫的能力和资源，提出了4个安全等级，1~4级安全等级依次由低到高，分别为：1级（低安全等级）——防范对象为基本不具备I&HAS（入侵和紧急报警系统）知识且仅使用常见、有限的工具实施破坏的入侵者或抢劫者；2级（中低安全等级）——防范对象为仅具备少量I&HAS知识，懂得使用常规工具和便携式工具（如万用表）的入侵者或抢劫者；3级（中高安全等级）——防范对象为熟悉I&HAS，可以使用复杂工具和便携式电子设备的入侵者或抢劫者；4级（高安全等级）——防范对象为具备实施入侵或抢劫的详细计划和所需的能力或资源，具有所有可获得的设备，且懂得替换I&HAS部件的方法的入侵者或抢劫者，并与《入侵和紧急报警系统技术要求》（GB/T 32581—2016）中规定的安全等级形成呼应。

新版标准将用户按使用设备功能的操作权限分为4个类别，类别1的用户一般是指操作员；类别2的用户一般是指管理员；类别3的用户一般是指专业安装、维修人员；类别4的用户一般是指设备制造商，对应了《入侵和紧急报警系统技术要求》（GB/T 32581—2016）中的4种权限类别。

此外，新版标准中还涉及一种类别，即环境类别。依据《安全防范报警设备环境适应性要求和试验方法》（GB/T 15211—2013），环境类别分为类别Ⅰ、类别Ⅱ、类别Ⅲ和类别Ⅳ。其严酷程度依次增加，适用于类别Ⅳ环境的部件可用于类别Ⅲ的环境中。环境类别Ⅰ指能够良好保持温度的室内环境（如在住宅或商业楼内），温度可在 5 ~ 40 ℃变化，平均相对湿度约为 75%，无凝结；环境类别Ⅱ指无法良好保持温度的室内环境（如走廊、大厅、楼梯、可能产生冷凝的窗户和无供热的存放区或间歇性供暖的仓库等）。温度可在 10 ~ 40 ℃变化，平均相对湿度约为 75%，无凝结；环境类别Ⅲ指 I&HAS 部件未完全暴露于室外（有遮蔽）或室内极端环境状态下经历的环境变化。温度可在 –25 ~ 50 ℃变化，平均相对湿度约为 75%，无凝结。每年有 30 天，相对湿度在 85% ~ 95% 变化，无冷凝；环境类别Ⅳ指当 I&HAS 部件完全暴露于露天环境下，环境因素受室外环境变化影响。温度可在 –25 ~ 60 ℃变化，平均相对湿度约为 75%，无凝结。每年有 30 天，相对湿度在 85% ~ 95% 变化，无凝结。对于东北、西北、西南的部分特殊地区（是指气候条件、电气接地条件经常性地有别于前者的要求），应按下列条件：温度可在 –40 ~ 60 ℃变化，平均相对湿度约为 75%，无凝结。每年有 30 天，相对湿度在 85% ~ 95% 变化，无凝结。新版标准要求设备根据其使用环境满足 GB/T 15211—2013 中规定的类别Ⅱ或类别Ⅳ要求。

新版标准中的这几种类别等级，尤其是 4 个安全等级和 4 个用户类别概念的提出，比较容易给第一次接触本标准及入侵和紧急报警系统相关标准的人员带来一些理解上的困扰，需要进行仔细分辨。

（三）功能要求

新版标准在设备功能方面，结合不同安全等级和不同用户权限类别，提出了更为全面的规定，较好地适应了当今设备智能化、多样化的发展趋势。

首先，新版标准从设防、撤防、恢复、身份验证、查询事件记录、暂时旁路/旁路/强制设防、添加/更改个人授权代码、添加/删除用户类别 1 或

2 和个人授权代码、添加 / 更改配置参数、调试模式和更改基本程序 11 个方面规定了每种用户类别可使用的功能操作权限。

类别 1 的用户（即操作员）可以进行设防、撤防、恢复、身份验证、查询事件记录的功能操作，类别 2 的用户（即设备管理员用户）可以允许对设备进行除了调试和更改基本程序之外的所有操作，类别 3 的用户（即专业安装、维修人员）可以进行除撤防、添加 / 删除用户类别 1 或 2 和个人授权代码和更改基本程序之外的所有操作，而类别 4 的用户（即设备制造商）仅允许添加 / 更改自身的个人授权代码以及更改设备的基本程序，且在进行规定的功能操作前必须获得类别 2 和类别 3 的用户授权。

其次，新版标准针对不同安全等级的设备，从身份验证、设防、撤防、旁路、报警、指示、互联通信、响应、事件记录、自检、调试模式等功能角度细致规定了各等级所强制性具有、可选具有及不准许具有的功能。设备安全等级越高，新版标准中强制要求的功能就越多越细。新版标准同时还对不同用户类别可进行的部分功能操作权限提出了进一步的细化规定。

（四）性能要求

尽管新版标准与原标准一样从供电要求、安全性、环境适应性、电磁兼容 4 个方面提出了要求，但这些要求所涵盖的内容却有着质的变化，给设备的设计和生产带来了新的机遇和挑战。其中变化最大的应属环境适应性和电磁兼容要求。

供电要求方面：①新版标准保留了原标准中电源转换的要求；②新版标准基本保留了电源电压适应性的要求，但在试验中在原标准仅要求适应主电源电压变化的基础上，增加了主电源频率的变化，另外，删除了原标准中对开关电源电源电压适应范围单独提出的要求；③新版标准降低了备用电源容量和备用电源充电时间的要求。新版标准规定在输出电流达到制造商说明书规定的最大输出电流时，安全等级 1、2 和安全等级 3、4 的设备备用电源最短持续时间分别为 8 h 和 12 h，较原标准中 8 h 和 16 h 的要求有所降低。新版标准规定备用电源应能在 72 h（安全等级 1、2 的设备）和 24 h 内（安全等级 3、4 的设备）充电至制造商声明的最大容量的 80%，较原标准的 24 h 要求有降低。

安全性要求方面：新版标准删除了电源线、防过热、温升的技术要求，并规定绝缘电阻、抗电强度、泄漏电流、阻燃应符合《安全防范报警设备　安全要求和试验方法》（GB 16796—2009）的相关要求。

新版标准的环境适应性按设备的使用环境不同分成了室内用产品和室外用产品，试验的项目除了原标准中的高温（工作状态）、低温（工作状态）、恒定湿热、正弦振动（工作状态）外，增加了冲击、外壳防护等级要求，对所配置的便携式设备提出了温度变化（工作状态）要求，对沿海地区使用设备提出了盐雾循环耐久要求。即使是原标准的保留项目，其技术要求也发生了不小的变化。仅以高温（工作状态）要求为例，原标准不区分设备的使用场所，统一要求进行时间长度为 16 h、试验温度为 55 ℃的高温试验；但新版标准降低了高温测试时长，由原标准中的 16 h 减少到 8 h，同时将高温试验温度分成了两个等级，室内用设备依然保持原来的温度要求（55±2）℃，对室外用设备则提出了更高的工作温度要求，由原标准中的（55±2）℃提升到（70±2）℃。新版标准的环境适应性要求可参考表 4-2。

表 4-2　GB 12663—2019 中的环境适应性要求

试验项目	产品类型		备注
	室内用	室外用	
高温 （工作状态）	温度 55 ℃ 持续时间 8 h	温度 70 ℃ 持续时间 8 h	
低温 （工作状态）	温度 –10 ℃ 持续时间 8 h	温度 –25 ℃ 持续时间 8 h	
恒定湿热	在温度（40±2）℃、相对湿度 90% ~ 95% 的环境中保持 24 h 后，再接通电源工作 24 h		

续表

试验项目	产品类型		备注
	室内用	室外用	
温度变化（工作状态）	最低温度 –25 ℃，最高温度 30 ℃，暴露时间 1 h，转换时间 2 ~ 3 min，循环次数 4 次		对便携式设备进行
正弦振动（工作状态）	脉冲持续时间：6 ms；M 为受试设备质量（单位：kg）；M < 4.75 时，峰值加速度 Â（ms^{-2}）：Â=1000–200×M；M ≥ 4.75 时，不要求测试；冲击轴向数：6 每轴向上的脉冲次数：3		
冲击	频率范围：10 ~ 150 Hz 加速度：5 m/s^2 轴向数目：3 扫频速度：1 oct/min 扫频周期的数目 / 轴向 / 工作状态：1		
外壳防护等级	IP31（安全等级 1、2 的设备）IP41（安全等级 3、4 的设备）	IP55 淋水试验后产品抗电强度和绝缘电阻应符合要求	
盐雾循环耐久	应符合 GB/T 15211—2013 标准中 18.3.4 中的 Ⅳ 级规定		说明书中规定沿海地区使用的产品

电磁兼容适应性方面，最主要的变化有两个方面：一方面是新版标准中引用的电磁兼容标准变化；另一方面是增加了无线电骚扰限值的要求。

在新版标准中，报警控制器的电磁兼容抗扰度试验项目包括电源电压跌落、短时中断、静电放电抗扰度、射频电磁场辐射抗扰度、射频场感应的传导抗扰度、电快速瞬变脉冲群抗扰度和浪涌（冲击）抗扰度 6 项，引用的标准文件由原来的 GB/T 17626 电磁兼容　试验和测量技术系列标准变为了 GB/T

30148—2013《安全防范报警设备 电磁兼容抗扰度要求和试验方法》。但就 GB/T 30148—2013 和 GB/T 17626 标准而言，其在要求和试验方法上是一脉相承的，只是 GB/T 17626 系列标准属于通用的基本准则，GB/T 30148—2013 中的电磁兼容抗扰度要求适用于安全防范报警系统中的设备，更有针对性。

值得关注的是，新版标准中增加了无线电骚扰限值的要求，规定无线电骚扰限值应符合《信息技术设备的无线电骚扰限值和测量方法》（GB/T 9254—2008）中 A 级的要求，相关要求如表 4-3 至表 4-6 所示。

表 4-3　A 级 ITE 电源端子传导骚扰限值

频率范围 /MHz	限值 /dB（μV）	
	准峰值	平均值
0.15 ~ 0.50	79	66
0.50 ~ 30	73	60

注：在过渡频率（0.50 MHz）处应采用较低的限值。

表 4-4　A 级电信端口传导共模（不对称）骚扰限值

频率范围 /MHz	电压限值 /dB（μV）		电压限值 /dB（μV）	
	准峰值	平均值	准峰值	平均值
0.15 ~ 0.50	97 ~ 87	84 ~ 74	53 ~ 43	40 ~ 30
0.50 ~ 30	87	74	43	30

注：在 0.15MHz ~ 0.5 MHz 频率范围内，限值随频率的对数呈线性减小。

电流和电压的骚扰限值是在使用了规定阻抗的阻抗稳定网络（ISN）条件下导出的，该阻抗稳定网络对于受试的电信端口呈现 150Ω 的共模（不对称）阻抗（转换因子为 20 lg150=44 dB）。

表 4-5　A 级 ITE 在测量距离 R 处（10 m）的辐射骚扰限值

频率范围 /MHz	准峰值限值 /dB（μV/m）
30 ~ 230	40
230 ~ 1000	47

注：在过流频率（230 MHz）处应采用较低的限值。

当发生干扰时，允许补充其他的规定。

表4-6　A 级 ITE 在测量距离 R 处（3 m）的辐射骚扰限值

频率范围 /GHz	平均值 /dB（μV/m）	峰值 /dB（μV/m）
1 ~ 3	56	76
3 ~ 6	60	80

注：在过渡频率（3 GHz）处应采用较低的限值。

无线电骚扰主要是指设备本身产生的电磁波对其他设备的影响，主要包括电源端子和电信端口的传导骚扰限值及辐射骚扰限值。长期以来在我们传统安全防范报警设备的标准中，提出无线电骚扰限值要求的产品标准并不多，因此，造成很多安防企业对这部分的要求根本不熟悉，在防盗报警产品设计生产时就没有对无线电骚扰限值要求引起足够重视。根据检测中心对多种安全防范报警系统设备的测试发现，不少产品在这一点上距离符合标准要求还存在一定差距，值得引起各生产企业的关注。

随着安防报警行业步入网络化、数字化和智能化，《入侵和紧急报警系统　控制指示设备》（GB 12663—2019）标准从内容和结构上紧跟国际标准化的趋势，与已发布的《入侵和紧急报警系统技术要求》（GB/T 32581—2016）等标准形成了很好的延续性，顺应了控制指示设备（防盗报警控制器）产品的发展需求。新版标准发布和实施将有助于更好地规范行业秩序，促进控制指示设备质量和性能的提升，引导入侵和紧急报警系统用户选择适合自身安全需求和应用环境的产品，使整个行业向更健康有序的方向发展。

由于控制指示设备（防盗报警控制器）产品在我国强制性产品认证目录内，实施国家制性产品认证管理，GB 12663 是防盗报警控制器的认证依据标准。因此，新版标准正式实施后，为了使标准能够在国家强制性产品认证中顺利执行，必将对《强制性产品认证实施规则　防盗报警产品》（CNCA-C19-01：2014）进行换版修订，对防盗报警控制器产品的认证范围、单元划分、检测项目、生产企业质量保证能力和产品一致性控制要求等问题重新界定，以保证防盗报警控制器产品强制性认证适应技术创新和市场发展的需要。

此外，防盗报警产品中的 GB 10408 入侵探测器系列标准的现行版本分别是在 2000 年、2006 年、2009 年、2010 年陆续发布并实施的，距今至少都已有 10 年乃至 20 年的历史。随着技术的发展及产品的更新换代，各类入侵探测器产品在形式、种类和性能上都发生了很大的变化，原有的 2000 版入侵探测器标准已经无法很好地适应市场的要求和认证的需要，也面临着全面修订换版。

在此希望广大获证企业能够及时关注相关标准及认证规则和细则的变化，不断优化自身产品功能和性能，提升产品质量，促进防盗报警产品市场的健康有序发展。

参考文献

[1] 国家认证认可监督管理委员会强制性产品认证技术专家组工厂检查组.中国强制性产品认证工厂检查培训教材 [M].北京：中国质检出版社，中国标准出版社，2015.

[2] 李怀林.产品认证工厂检查员培训教程 [M].北京：中国计量出版社，2005.

[3] 全国安全防范报警系统标准化技术委员会.入侵探测器：第1部分　通用要求：GB 10408.1—2000 [S].北京：中国标准出版社，2001.

[4] 全国安全防范报警系统标准化技术委员会.入侵探测器：第3部分　室内用微波多普勒探测器：GB 10408.3—2000 [S].北京：中国标准出版社，2000.

[5] 全国安全防范报警系统标准化技术委员会.入侵探测器：第4部分　主动红外入侵探测器：GB 10408.4—2000 [S].北京：中国标准出版社，2000.

[6] 全国安全防范报警系统标准化技术委员会.入侵探测器：第5部分　室内用被动红外探测器：GB 10408.5—2000 [S].北京：中国标准出版社，2000.

[7] 全国安全防范报警系统标准化技术委员会.微波和被动红外复合入侵探测器：GB 10408.6—2009 [S].北京：中国标准出版社，2009.

[8] 全国安全防范报警系统标准化技术委员会.振动入侵探测器：GB/T 10408.8—2008 [S].北京：中国标准出版社，2008.

[9] 全国安全防范报警系统标准化技术委员会.入侵探测器：第9部分　室内用被动式玻璃破碎探测器：GB 10408.9—2001 [S].北京：中国标准出版社，2001.

[10] 全国安全防范报警系统标准化技术委员会.磁开关入侵探测器：GB 15209—2006 [S].北京：中国标准出版社，2006.

[11] 全国安全防范报警系统标准化技术委员会.防盗报警控制器通用技术条件：GB 12663—2001 [S].北京：中国标准出版社，2001.

[12] 全国安全防范报警系统标准化技术委员会.安全防范报警设备 安全要求和试验方法:
GB 16796—2009 [S]. 北京:中国标准出版社,2009.

[13] 全国无线电干扰标准化技术委员会.信息技术设备的无线电骚扰限值和测量方法:
GB/T 9254—2008 [S]. 北京:中国标准出版社,2008.

[14] 马志刚.GB10408.5—2000《入侵探测器第 5 部分:室内用被动红外探测器》的制标
与贯彻 [J]. A&S:安防工程商,2004(3):86-90.

[15] 李井山.关于防盗报警控制器产品强制性认证检测项目的解释说明 [J]. 中国安全防范
认证,2013(5):50-56.

[16] 安防产品强制性认证有效性研究项目课题组.安全技术防范产品强制性认证工作实施
有效性研究报告(上):开展安全技术防范产品强制性认证工作的总结 [J]. 中国安全
防范认证,2006(4):19-23.

[17] 黄瑾,黄思婕.《入侵和紧急报警系统 控制指示设备》标准浅析 [J]. 公共安全技术,
2020(5):109-111.